江苏省特种作业人员安全技术培训考核系列教材

电力电缆实操作业

孙壮涛 主编

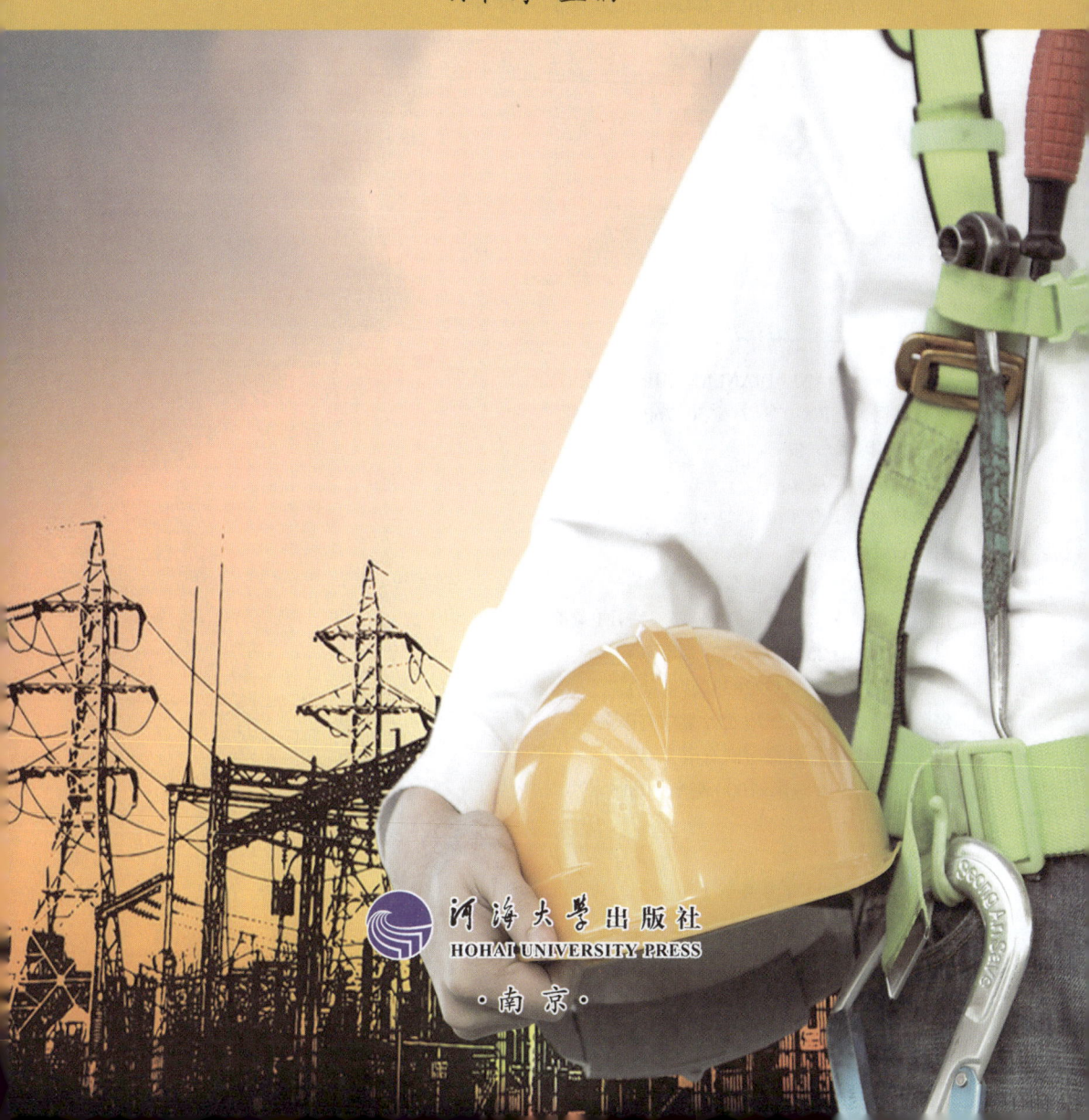

河海大学出版社
HOHAI UNIVERSITY PRESS
·南京·

图书在版编目（CIP）数据

电力电缆实操作业 / 孙壮涛主编. -- 南京：河海大学出版社，2022.9
ISBN 978-7-5630-7607-9

Ⅰ.①电… Ⅱ.①孙… Ⅲ.①电力电缆-技术培训-教材 Ⅳ.①TM247

中国版本图书馆 CIP 数据核字(2022)第 175028 号

书　　名	电力电缆实操作业 DIANLI DIANLAN SHICAO ZUOYE
书　　号	ISBN 978-7-5630-7607-9
责任编辑	龚　俊
特约编辑	梁顺弟
特约校对	丁寿萍
封面设计	张禄珠
出版发行	河海大学出版社
地　　址	南京市西康路 1 号(邮编：210098)
电　　话	(025)83737852(总编室) (025)83722833(营销部)
经　　销	江苏省新华发行集团有限公司
印　　刷	南京凯德印刷有限公司
开　　本	718 毫米×1000 毫米　1/16
印　　张	6
字　　数	82 千字
版　　次	2022 年 9 月第 1 版
印　　次	2022 年 9 月第 1 次印刷
定　　价	65.00 元

前　言

　　为了贯彻落实《国家安全监管总局关于做好特种作业（电工）整合工作有关事项的通知》（安监总人事〔2018〕18号）要求，进一步做好整合后的电力电缆作业人员安全技术培训与考核工作，根据新颁布的《特种作业（电工）安全技术培训大纲和考核标准》，我们组织专家编写了这本《电力电缆实操作业》教材。

　　本教材的内容主要包括：安全用具使用、电力电缆线路核相操作、电力电缆安全施工中各种绳扣的打结操作、电力电缆型号截面识别、电缆终端头的制作安装、10kV电力电缆户内热缩终端头制作、10kV电力电缆户内冷缩终端头安全操作、作业现场安全隐患排除、作业现场应急处理等内容。

　　本教材由江苏省安全生产宣传教育中心、江苏省电力有限公司组织编写，孙壮涛主编，查显光主审。"科目一　安全用具使用"由郭玉威编写，"科目二　安全操作技术"由周磊编写，"科目三　作业现场安全隐患排除"由孙壮涛编写，"科目四　作业现场应急处理"由陈曦编写。

　　在编写和出版过程中还得到了江苏省应急管理厅基础处的大力支持，在此表示衷心的感谢。由于编者水平有限，书中可能会出现一些不足之处，敬请读者批评指正。

编者

2022年8月

目 录

科目一　安全用具使用 ………………………………………… (1)
　　项目1　10kV 三芯铠装电力电缆绝缘测试 ………………… (1)
　　项目2　10kV 验电器的检查、使用与保管 ………………… (5)
　　项目3　电工安全标志(示)的辨识 …………………………… (8)

科目二　安全操作技术 ………………………………………… (14)
　　项目1　电力电缆线路核相操作(0.4kV 系统) ……………… (14)
　　项目2　电力电缆安全施工中各种绳扣的打结操作 ………… (18)
　　项目3　电力电缆型号截面识别 ……………………………… (27)
　　项目4　电缆终端头的制作安装 ……………………………… (32)
　　项目5　10kV 电力电缆户内热缩终端头制作 ……………… (40)
　　项目6　10kV 电力电缆户内冷缩终端头安全操作 ………… (44)
　　项目7　10kV 线路挂设保护接地线 ………………………… (52)

科目三　作业现场安全隐患排除 ……………………………… (56)
　　项目1　判断作业现场存在的安全风险、职业病危害 ……… (56)
　　项目2　结合实际工作任务,排除作业现场存在的安全风险 … (60)

科目四　作业现场应急处理 …………………………………… (71)
　　项目1　触电事故现场的应急处理 …………………………… (71)
　　项目2　单人徒手心肺复苏操作 ……………………………… (77)
　　项目3　灭火器的选择和使用 ………………………………… (82)

附录　实际操作技能训练培训学时安排 ……………………… (88)

科目一　安全用具使用

项目1　10kV三芯铠装电力电缆绝缘测试

一、项目描述

本任务为10kV三芯铠装电力电缆绝缘测试,以已办理工作许可手续的电缆为例,进行要点讲解,使学员明确工作中的危险点、应采取的防控措施,掌握兆欧表的使用、试验接线、操作步骤,完成10kV三芯铠装电力电缆绝缘测试。

二、项目准备

配备2 500V(或5 000V)绝缘电阻测试仪(兆欧表)、绝缘手套、10kV验电器、接地线、放电棒、试验小线、个人工器具等工具和10kV三芯铠装交联电缆等器材。

三、项目实施

1.工器具选择和检查:

(1)应选择使用相应电压等级合格的工器具。

(2)验电器:验电器使用前应在有电设备上进行试验,确认验电器良好,无法在有电设备上试验时,可用工频高压发生器等设备确认验电器是否良好;验电时需要有人监护;逐相验电。

(3)绝缘电阻表的检查包括:

短路试验:L端和E端短接,摇动手柄,指针为"0"位置。

开路试验:L端和E端分开,摇动手柄,指针为"∞"位置。

检验合格证、摇柄和端钮的卡涩情况,测试线良好情况等。

(4)绝缘手套、地线的检查包括:试验周期标签、绝缘破损、密封性等。如

图 1-1-1、图 1-1-2 所示。

图 1-1-1　绝缘电阻表短路试验　　图 1-1-2　绝缘电阻表开路试验

2. 验电、接地：戴绝缘手套，逐相对电缆进行验电，再用放电棒逐相进行放电并悬挂接地线。

3. 绝缘测试接线：

(1)接线如图 1-1-3 所示，电缆绝缘的测试需逐相进行，一相测试时，另外两相需接地。电缆对端保持安全距离，并做好监护。

其中：L 线接在电缆导体部分；E 线接电缆的金属铠装或大地。

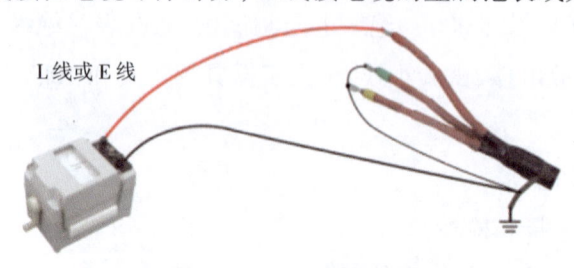

图 1-1-3　绝缘测试接线图

(2)当电缆终端绝缘表面有潮湿、污秽、绝缘数值有疑问等情况时，应使用屏蔽端子"G"，并将"G"端接在被测相绝缘表面增设的屏蔽环上。如图 1-1-4 所示。

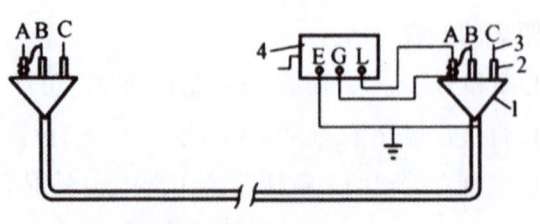

图 1-1-4　电缆绝缘测试使用屏蔽"G"端钮接线

4. 电缆绝缘测试：通知对端监护人员后，开始测试，摇动的速度应由慢而快，当转速达到 120 转/分钟左右时，保持匀速转动，辅助人员戴上绝缘手套，使"L"端触碰导体，读取 15s 和 60s 的绝缘数值，保持转速，撤离"L"端，停止转动。

5. 测试完毕放电：每相测试完毕后，立即用放电棒对该相电缆进行充分放电。

6. 同理进行另外二相的测试，清理并恢复现场。

7. 填写测试记录：

(1) 测试完毕，填写测试数据，并判断绝缘阻值是否良好。

(2) 单相主绝缘的绝缘电阻小于 500MΩ 时，宜开展主绝缘交流耐压试验。

四、训练时间(16 分钟)

序号	训练内容	训练时间(min)
1	仪表选择、检查	2
2	验电、接地	2
3	设备接线	2
4	仪表使用	8
5	整理恢复现场	2

五、操作规范

1. 履行工作手续，交代工作内容、现场作业危险点，明确人员分工，工作流程并签字确认；现场设置围栏并悬挂标示牌。

2. 工作时需戴安全帽、工作服，并穿戴齐整。

3. 验电、放电、悬挂接地线时，需设专人监护。

4. 摇测时绝缘摇表应置于水平、牢固位置，摇速均匀。

5. 测试完毕，要对被测相进行充分放电。

六、项目考核

序号	考核内容	考核要点
1	选用 2 500V 及以上兆欧表	按给定的测量任务，选择合适的电工仪表。

(续表)

序号	考核内容	考核要点
2	安全工器具及兆欧表检查	(1)安全工器具检查完好。 (2)检查兆欧表外观及测量线是否完好,检查开路、短路试验是否合格。
3	绝缘测量过程	(1)做好个人安全防护:穿绝缘鞋、长袖工作服、戴安全帽、带清洁纱手套。 (2)进行测量前安全准备:电缆应停电、验电、放电、挂接地线、挂标识牌,拆除两端搭头,擦净线端及附件表面。 (3)按要求正确接线,一相测试时,另外两相需短接并接地。 (4)通知对端监护人员后,开始测试,摇动的速度应由慢而快,当转速达到120转/分钟左右时,保持匀速转动,辅助人员戴上绝缘手套,使"L"端触碰导体,读取15s和60s的绝缘数值,指针稳定后记录读数,保持转速,撤离"L"端,停止转动。 (5)同理,分别摇测另外二相的绝缘。 (6)当某相绝缘存在疑问时,应使用屏蔽"G"端子再次进行测量:按图1-1-4接线。 在被测相电缆绝缘上增设屏蔽线圈,屏蔽线圈的一端接入"G"端,一端接入辅助相导体上,E端接地。 电缆另一侧相同设置,按照电缆绝缘测试步骤进行。
4	对测量结果进行判断	绝缘值均不低于500MΩ。

项目2 10kV验电器的检查、使用与保管

一、项目描述

本任务为10kV验电器检查、使用与保管,通过本科目的学习、训练,要点讲解,使学员明确工作中的危险点、应采取的防控措施,掌握10kV验电器的检查、使用与保管。

二、项目准备

配备绝缘手套、10kV验电器、接地线、放电棒、个人工器具等工具和10kV电源(测试用电缆、架空导线、配电设备或模拟电源)等器材。

三、项目实施

1. 10kV验电器检查

(1)验电器的工作电压应与待测设备的电压相同,如图1-2-1所示。

使用前应进行试验周期检查,确保试验合格证在有效周期内;外观检查,无污秽、无破损。

(2)验电器使用前应进行自检:按动自检按钮,指示灯有间断闪光,同时发出间断报警声,说明该仪器正常。

(3)验电前,应先在有电设备上进行试验,确认验电器良好;无法在有电设备上进行试验时可用工频高压发生器等确证验电器良好。

图1-2-1 伸缩式验电器

2. 10kV 验电器使用

(1)进行 10kV 验电作业时,工作人员宜戴绝缘手套;使用伸缩式验电器时,绝缘棒应拉到位,手握在手柄处,不得超过护环,应有专人监护。如图 1-2-2 所示。

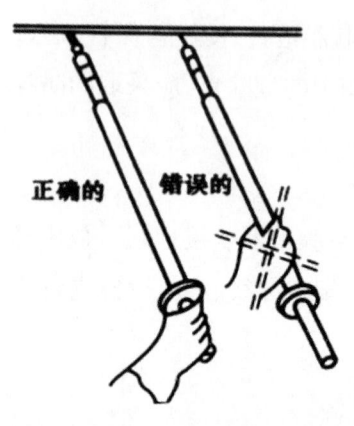

图 1-2-2 验电器使用

(2)对同杆(塔)架设的多层电力线路验电,应先验低压、后验高压,先验下层、后验上层,先验近侧、后验远侧。

(3)在停电设备的两侧和需要接地的部位进行逐相验电。

(4)验电完毕,立即悬挂接地线。

(5)雨雪天气室外设备宜采用间接验电;若直接验电,应使用雨雪型验电器,并戴绝缘手套。

3. 10kV 验电器保管注意事项

(1)为了保障人身和设备的安全,根据《电业安全工作规程》规定,验电器应定期作绝缘耐压实验、启动实验,如有异常,应停止使用。

(2)验电器避免跌落、挤压、强烈冲击、振动,不要用腐蚀性化学溶剂和洗涤等溶液擦洗。

(3)不要放在露天烈日下曝晒,经常保持清洁,应存放在防潮盒或绝缘安全工器具存放柜内,置于通风干燥处。

(4)当按动自检开关时,如验电器的指示器强度弱(包括异常),应及时更换电池。

四、训练时间(10分钟)

序号	训练内容	训练时间(min)
1	验电器的选择、检查	2
2	验电器的使用	6
3	验电器的保管	2

五、操作规范

1. 办理并完善工作许可、工作票等组织措施,交代工作内容、现场作业危险点,明确人员分工、工作流程并签字确认。

2. 设置围栏并悬挂标志牌:在工作地点四周围栏上悬挂"止步,高压危险""在此工作""从此进出"等标志牌;在开关操作把手处或在跌落式熔断器处悬挂"禁止合闸,线路有人工作"标志牌。

3. 工作时需戴安全帽、工作服,并穿戴齐整。

4. 验电时,需戴绝缘手套,需设专人监护;人体与带电设备的距离必须符合《电业安全工作规程》规定的安全距离,即10kV及以下电压等级保持0.7米以上的安全距离,防止触电。

5. 验电完毕,应立即悬挂接地线。

六、项目考核

序号	考核内容	考核要点
1	10kV验电器的用途及结构	(1)判定设备或线路导体是否带电。 (2)叙述验电器的结构。
2	10kV验电器的检查	(1)检查验电器外观是否完好、连接是否牢固。 (2)检查电压等级是否相符、是否有合格证、有效期是否为一年。 (3)自检电路是否正常。
3	正确使用10kV验电器	(1)验电必须穿长袖工作服、穿绝缘靴、戴绝缘手套、戴安全帽。 (2)高压验电必须有专人监护。 (3)正式验电前必须在已知带电体上检验验电器作用是否良好。 (4)必须逐相验电,手握部分应在护环以下。 (5)验电时必须注意保持安全距离。
4	10kV验电器的保养	验电器使用完毕,应放入专用盒内,并置于干燥场所保管。

项目3　电工安全标志(示)的辨识

一、项目描述

本任务为电工安全标志(示)的辨识,通过本科目的学习、训练、要点讲解,使学员掌握电工安全标志(示)的辨识。

二、项目准备

配备四类标志牌、围栏等器材。

三、项目实施

安全标志分为禁止标志、警告标志、指令标志、提示标志4大类型。

安全色为传递安全信息含义的颜色,包括红、黄、蓝、绿。

序号	标志类型	标志牌名称	标志牌图形	标志牌悬挂处
1	(1)禁止标志:是禁止人们不安全行为的图形标志。(2)安全色表征为"红色"。	"禁止合闸,有人工作!"		一经合闸即可送电到施工设备的断路器(开关)和隔离开关(刀闸)操作把手上
		"禁止合闸,线路有人工作!"		线路断路器(开关)和隔离开关(刀闸)把手上
		"禁止分闸!"		接地刀闸与检修设备之间的断路器(开关)操作把手上

科目一　安全用具使用　9

(续表)

序号	标志类型	标志牌名称	标志牌图形	标志牌悬挂处
1	(1)禁止标志：是禁止人们不安全行为的图形标志。(2)安全色表征为"红色"。	"禁止攀登，高压危险！"		高压配电装置构架的爬梯上，变压器、电抗器等设备的爬梯上
		"禁止烟火！"		室内、室外易发生火灾的危险场所
		"未经许可，不得入内！"		重要、机密、有特定要求场所的入口处
2	(1)警告标志：是提醒人们对周围环境引起注意，以避免可能发生危险的图形标志。(2)安全色表征为"黄色"。	"止步，高压危险！"		施工地点临近带电设备的遮栏上，室外工作地点的围栏上；禁止通行的过道上，高压试验地点；室外构架上，工作地点临近带电设备的横梁上
		"安全警告！"		易造成人员伤害的场所和设备处，易发生火灾的危险场所，可能发生触电的场所和设备处
		"当心落物！"		易发生落物的山地、施工工地、室内、沟道、洼地等明显处

(续表)

序号	标志类型	标志牌名称	标志牌图形	标志牌悬挂处
2	(1)警告标志：是提醒人们对周围环境引起注意，以避免可能发生危险的图形标志。(2)安全色表征为"黄色"	"当心坠落！"		易发生坠落的高空、山地、施工工地、沟道、桥梁、洞口等明显处
		"当心坑洞！"		存在坑洞的道路、山地、施工工地、沟道、桥梁、洞口等明显处
3	(1)指令标志：是强制人们必须做出某种动作或采用防范措施的图形标志。(2)安全色表征为"蓝色"。	"必须戴安全帽！"		进入涉及人身伤害的工作现场
		"随手关门！"		防止小动物、灰尘、雨雪、噪音、有害气体、辐射等进入的场所
		"必须接地！"		为防止人身受到触电危害的设备中心点、设备外壳、仪表外壳等处或为消除静电危害在室内、室外规定处
		"必须戴防护手套！"		为防止发生人身伤害或物品受到危害的工作中

科目一　安全用具使用　11

（续表）

序号	标志类型	标志牌名称	标志牌图形	标志牌悬挂处
3	(1)指令标志：是强制人们必须做出某种动作或采用防范措施的图形标志。 (2)安全色表征为"蓝色"。	"必须系安全带！"		为防止发生人身事故的工作中
		"必须戴防护眼镜！"		为防止发生人身事故的工作中
4	(1)提示标志：是向人们提供某种信息(如标明安全设施或场所等)的图形标志。 (2)安全色表征为"绿色"。	"在此工作！"	在此工作	工作地点或检修设备上
		"从此进出！"	从此进出	室外工作地点围栏的出入口处
		"从此上下！"	从此上下	工作人员可以上下的铁架、爬梯上
		"安全出口！"	安全出口 EXIT	重要通道、机密、有特定要求场所的出口处指示

(续表)

序号	标志类型	标志牌名称	标志牌图形	标志牌悬挂处
4	(1)提示标志：是向人们提供某种信息(如标明安全设施或场所等)的图形标志。 (2)安全色表征为"绿色"。	"电力电缆！"		粘贴或固定在电缆路径的上方或分支、转弯处
		"下有高压电缆！"		埋设在不影响人员出行、不阻碍交通的电缆路径上方

四、训练时间(40分钟)

序号	训练内容	训练时间(min)
1	禁止标志	10
2	警告标志	10
3	指令标志	10
4	提示标志	10

五、操作规范

1.安全标志应设置在与安全有关的明显地方，并保证人们有足够的时间注意其所表示的内容。

2.设立于某一特定位置的安全标志应被牢固地安装，保证其自身不会产生危险，所有的标志均应具有坚实的结构。

3.当安全标志被置于墙壁或其他现存的结构上时，背景色应与标志上的主色形成对比色。

4.对于那些所显示的信息已经无用的安全标志，应立即由设置处卸下，这对于警示特殊的临时性危险的标志尤其重要，否则会产生干扰或导致观察者忽视其他有用标志。

5. 多个标志牌在一起设置时,应按警告、禁止、指令、提示类型的顺序,先左后右、先上后下地排列。

六、项目考核

序号	考核内容	考核要点
1	熟悉常用的安全标示	指认图片上所列的安全标示
2	常用安全标示用途解释	能对指定的安全标示用途进行说明,并解释其用途
3	正确布置安全标示	按照指定的作业场景,正确布置相关的安全标示

科目二　安全操作技术

项目1　电力电缆线路核相操作(0.4kV系统)

一、项目描述

本任务为电力电缆线路核相操作(0.4kV系统)。通过实训0.4kV电缆线路带电核相操作,掌握互为备用电源的三相负载核相操作步骤、注意事项。

二、项目准备

实训现场配备万用表、相序表、绝缘手套、PVC绝缘带、个人工器具等工具和配备二路0.4kV电源系统、低压电缆、断路器;现场设置围栏、标志牌等器材。

三、项目实施

1. 工器具检查:检查万用表、相序表的检验合格证有效期、连接线绝缘无破损、旋钮无卡涩、线夹连接牢固等;检查绝缘手套的合格证、密封性等。

2. 电缆相色核对:对于电缆相色不清或有接头的电缆,需在电缆停电状态下,进行相色核对。

具体操作:确认电缆无电压,对端全部短接,万用表的档位转换至蜂鸣档,用表笔任意触碰二相导线,万用表有蜂鸣器声,表示导线导通。

对端任意拆除一相,该相与另外三相没有蜂鸣声,即可判断首尾两侧为同一相,用PVC带做好标记,以此类推,判别其余各相。

3. 电压测量:万用表的档位转换至交流电压(ACV档)500V及以上档位,戴绝缘手套,分别测量二回路的线电压、相电压,并记录电压数值。

如果电压数据相差较大,应检查变压器档位,并调整至同一档位。

测量时,防止人身触电,防止相间、相地短路,确认两回路都带有电压,如图 2-1-1、图 2-1-2 所示。

图 2-1-1　数字万用表

图 2-1-2　万用表功能说明

4. 相序测量：戴绝缘手套，将相序表的三根表笔线 A(黄、U、L1)、B(绿、V、L2)、C(红、W、L3)线分别搭接在同一电源 A、B、C 三相导线上，起动测量按键，观察表的指示变化：正相序时，正相序指示灯亮(或顺时针)；逆相序时，逆相序灯亮(或逆时针)，并伴有蜂鸣器发出报警。同理进行第二路的相序测量。

确认两路电源为正相序，否则要调整为正相序，如图 2-1-3、图 2-1-4 所示。

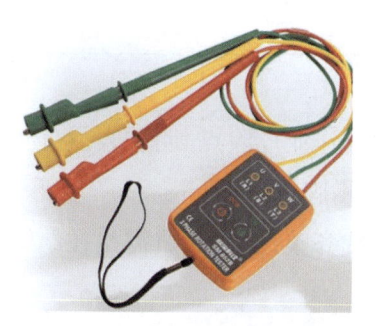

图 2-1-3　相序表

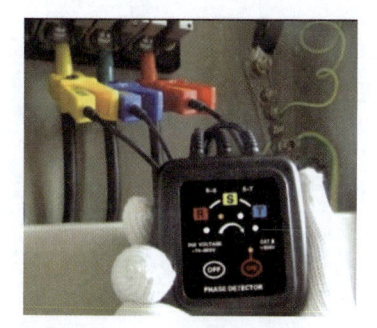

图 2-1-4　相序表接线

5. 核相操作：万用表档位转换至交流电压(ACV 档)500V 及以上档位，戴绝缘手套，一只表笔搭接在一路电源的一相上不动，另一只表笔分别触碰第二路电源的三相导线，电压差为零或近似零者，即为同相位，同理核对另外二相。如图 2-1-5 所示为第二路电源可能出现的三种相序。

图 2-1-5

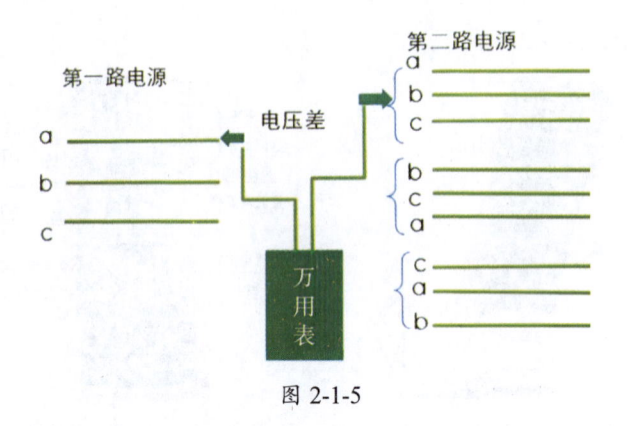

6. 相位调整：若出现图 2-1-5 的第二种、第三种情况，根据核相的结果，需调整相位并修改为同一色标。

四、训练时间(30 分钟)

序号	训练内容	训练时间(min)
1	工器具检查	2
2	电缆相色核对	5
3	电压测量	4
4	相序测量	4
5	核相操作	5
6	相位调整	10

五、操作规范

1. 履行工作手续，交代工作内容、现场作业危险点，明确人员分工、工作流程并签字确认；现场设置围栏并悬挂标示牌。

2. 工作时需戴安全帽、工作服，并穿戴齐整，操作人员需站在绝缘垫上，操作时必须戴绝缘手套。

3. 核相工作全程需设专人监护。

4. 测量时，接线牢固，防止人身触电，防止相间、相地短路。

5. 万用表不得在使用中切换定位，档位切换完毕需确认无误，方可使用。

6. 电缆相色核对需在电缆停电状态下进行。

六、项目考核

序号	考核内容	考核要点
1	核相前的准备	(1)两人操作并设专人监护。 (2)操作者必须穿长袖工作服、穿绝缘靴、戴绝缘手套、戴安全帽。 (3)万用表一块,测量线长短合适、绝缘良好。
2	操作过程	(1)两名操作人必须在监护人统一指令下操作。 (2)操作者一人手持一只表笔碰触已知相位电源一相线,另一人手持另一表笔逐相碰触未知电源三根相线。当电压表指示值近似为线电压时表示不同相,电压表指示值近似为零时表示同相,应立即作出同相位标记。 (3)三相逐一核对共核9次,完成核相工作。

项目2 电力电缆安全施工中各种绳扣的打结操作

一、项目描述

本任务为电力电缆安全施工中各种绳扣的打结操作。通过讲授常用绳扣使用方法，练习直扣、活扣、背扣、反背扣等绳扣，掌握电力电缆安全施工中各种绳扣的打结操作。

二、项目准备

配备尼龙绳或麻绳、木桩、挂钩、纱手套等材料。

三、项目实施

1. 直扣

直扣又称接绳扣，用于连接两根粗细相同的麻绳。结绳方法如下：

(1)将两根麻绳的绳头互相折拢并交叉，A绳头压在B绳头的下方，如图2-2-1(a)所示(A绳头在B绳头的下方，也可以互相对调位置)。

(2)将A绳头在B绳头上绕一圈，如图2-2-1(b)所示。

(3)将A、B两根绳头互相折拢并交叉，A绳头仍在B绳头的下方，如图2-2-1(c)所示。

(4)将A绳头在B绳头上绕一圈，即将绳头绕过B绳头从绳圈中穿入，与A绳并在一起(也可以将B绳头按A绳头的穿绕方法穿绕)，将绳头拉紧即成平结，如图2-2-1(d)所示。

在进行第三步时，A、B两个绳头不能交叉错，如果A绳头放在B绳头的上方如图2-2-1(e)所示，则A绳头在B绳头上方绕过后，A绳头就不会与A绳并在一起，而打成的绳结如图2-2-1(f)所示。此绳结的牢固程度不如平结，外表不如平结美观。

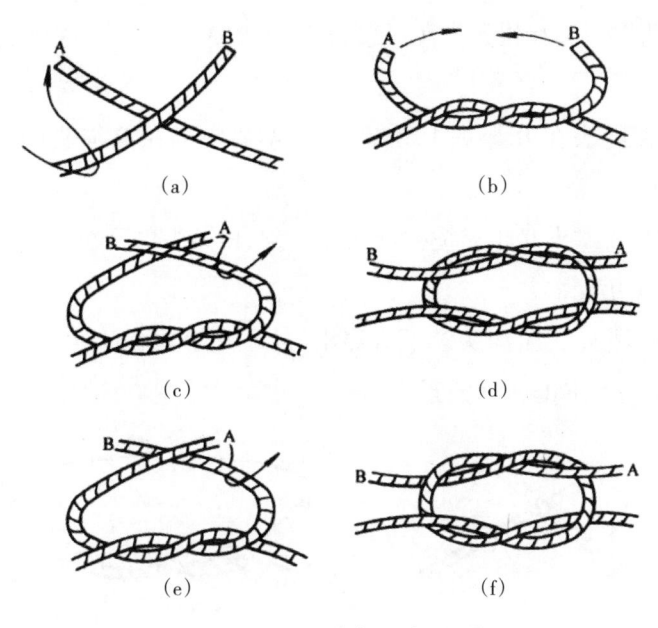

图 2-2-1 直扣示意图

2.活扣

活结的打结方法基本上与平结相同,只是在第一步将绳头交叉时,把两个绳头中的任一根绳头(A 或 B)留得稍长一些;在第四步中,不要把绳头 A(或绳头 B)全部穿入绳圈,而将其绳端的圈外留下一段,然后把绳结拉紧。如图 2-2-2 所示。

活结的特点是当需要把绳结拆开时,只需把留在圈外的绳头 A(或绳头 B)用力拉出,绳结即被拆开,方便而迅速。

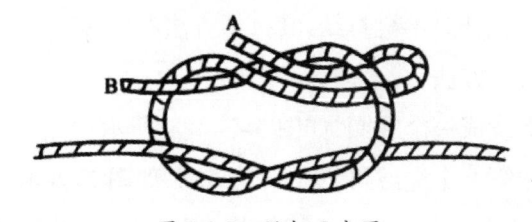

图 2-2-2 活扣示意图

3.紧线扣

紧线扣用于两根麻绳的连接。下述为其结法:

(1)将两根绳头互相叉叠在一起,如图2-2-3(a)所示。A绳头被压在B绳头的下方。

(2)将A绳头在B绳头上方绕一圈,A绳头仍在B绳头的下方,如图2-2-3(b)所示。

(3)将A、B绳头互相靠拢并交叉在一起,B绳头仍压在A绳头的上方,如图2-2-3(c)所示。

(4)将B绳头从A绳头的下方穿出,并压在B绳的上方,将绳结拉紧,即成为如图2-2-3(d)所示的紧线扣。

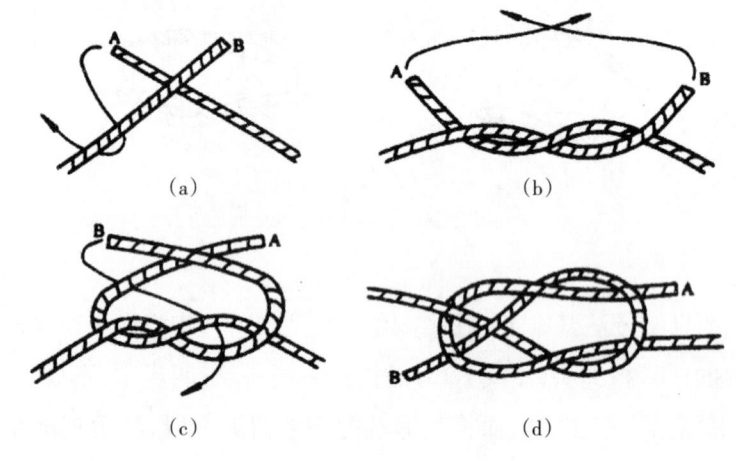

(a)

(b)

(c)

(d)

图2-2-3 紧线扣示意图

4. 双套结

双套结主要用于捆绑物件或绑扎桅杆,其打结方法简单,而且可以在绳的中间打结,绳结脱开时不会打结,其打结方法有两种。

(1)第一种打结方法:

第一步,将绳绕成一个绳圈,如图2-2-4(a)所示。

第二步,紧挨第一个绳圈再绕成一个绳圈,如图2-2-4(b)所示。

第三步,将两个绳圈C、D互相靠拢,且C圈压在D圈的上方,如图2-2-4(c)所示。

第四步,将两个绳圈C、D互相重叠在一起,即成为如图2-2-4(d)所示的"8"字结。将绳结套在物件上以后须把绳结拉紧,重物才不致从绳结中脱落。

(2)第二种打结方法:由于第一种结绳法要先结成绳结,然后把物件穿在绳结中,这种方法只能用于较短的杆件;当杆件较长、鞭杆件穿入有困难时,就必须用第二种打结方法。

第一步,将绳从杆件的后方绕向前方,绳头 B 压在绳头 A 的上方,如图 2-2-4(e)所示。

第二步,将 B 绳头继续从杆件的后方绕向前方,A 绳头压在 B 绳头的上方,如图 2-2-4(f)所示。

第三步,将 B 绳头从绳圈 E 中穿出,将绳头拉紧,即成为如图 2-2-4(g)所示的"8"字结。

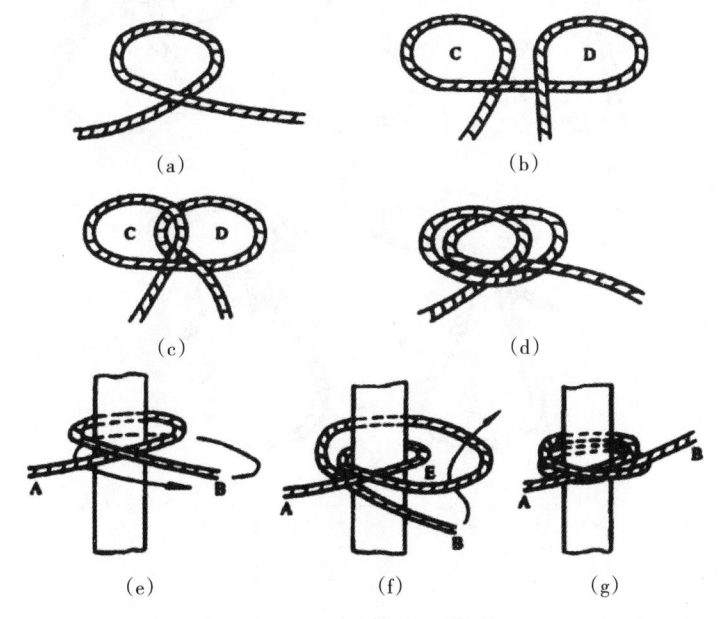

图 2-2-4 双套结示意图

5. 抬扣

抬扣主要用于质量较轻物件的抬运或吊运。在抬起重物时绳结自然收紧,结绳及解绳迅速,其打结方法有 5 步:

第一步,将一个绳头结成一个环,如图2-2-5(a)所示。

第二步,按图2-2-5(b)中箭头所示的方向,将另一个绳头B压在已折成的绳环上,如图2-2-5(b)所示。

第三步,按图2-2-5(b)中箭头所示的方向,把绳头B在绳环上绕一圈半,绳头B在绳环的下方,如图2-2-5(c)所示。

第四步,将绳环C从绳环D中穿出,如图2-2-5(d)所示。

第五步,将图2-2-5(d)所示的两个绳环互相靠近直至合在一起时,便成为如图2-2-5(e)所示的两个杠棒结。在吊重物时,绳圈D便会自然收紧,将两个绳头A、B压紧绳结便不会松散。

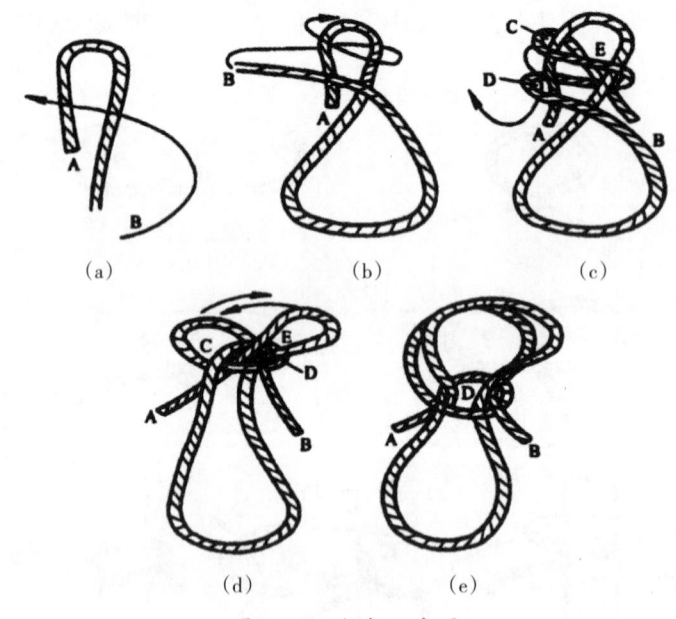

图2-2-5 抬扣示意图

6.背扣

背扣用于起吊较重的杆件,如圆木、管子等,其特点是易绑扎,易解开。以下是其打结方法:

第一步,将绳在木杆上绕一圈,如图2-2-6(a)所示。

第二步,将绳头从绳的后方绕向前方,如图2-2-6(b)所示。

第三步,将绳头穿入绳圈中,并将绳头留出一段,如图2-2-6(c)所示。在解开此木结时,只需将绳头一拉即可。

如果绳头在绳圈上多绕一圈则成为如图2-2-6(d)所示的木结。此绳结由于绳头在绳圈上多绕一圈,故绳结比图2-2-6(c)所示的木结更牢固,但解结不如图2-2-6(c)所示的木结方便。

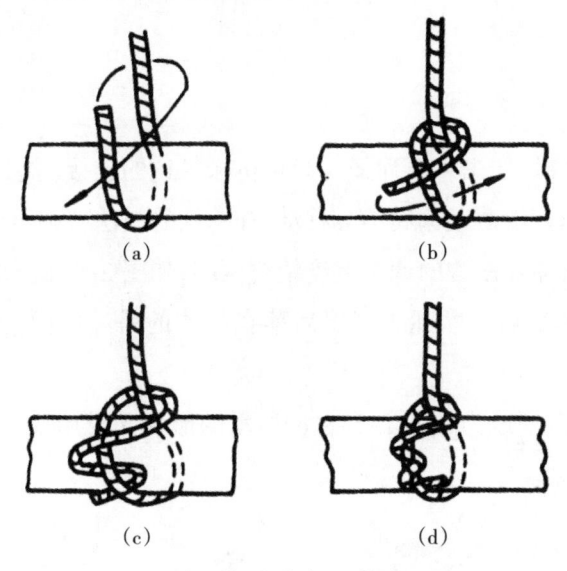

图 2-2-6 背扣示意图

7. 倒背扣

倒背扣用于垂直方向捆绑起吊质量较轻的杆件或管件,其结绳方法有 3 步:

第一步,将绳从木杆的前面绕向后面,再从后面绕向前面,并把绳压在绳头的下方,如图 2-2-7(a)所示。

第二步,在第一个圈的下部,再将绳头从木杆的前面绕到后面,并继续绕到前面,如图 2-2-7(b)所示。

第三步,把绳头按图 2-2-7(b)上箭头所示方向连续绕两圈,把绳头压在绳圈内,即成为如图 2-2-7(c)所示的叠结。在垂直起吊前,应把绳结拉紧,使绳结与木杆间不留空隙,如图 2-2-7(d)所示。

(a) (b) (c) (d)

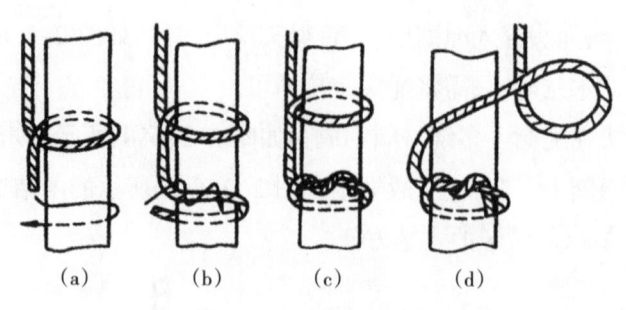

图 2-2-7 倒背扣示意图

8. 挂钩结

挂钩结主要用于吊装千斤绳与起重机械吊钩的连接。绳结的结法方便、牢靠,受力时绳套滑落至钩底不会移动,挂钩结的结法有两步:

第一步,将绳在吊钩的钩背上连续绕两圈,如图 2-2-8(a)所示。

第二步,在最后一圈绳头穿出后落在吊钩的另一侧面,如图 2-2-8(b)所示。

当绳受力后便成为如图 2-2-8(c)所示的形状,绳与绳之间互相压紧,受力后绳不会移动。

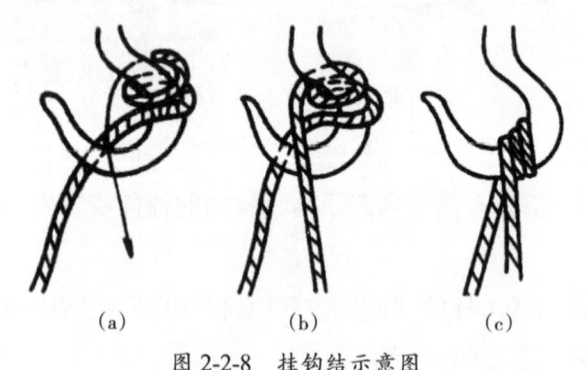

(a) (b) (c)

图 2-2-8 挂钩结示意图

9. 拴柱结

拴柱结主要用于缆风绳的固定或用于溜放绳索时。用于固定缆风绳时,结绳方便、迅速、易解;当用于溜放绳索时,受力绳索溜放时能缓慢放松,易控制绳索的溜放速度。用作固定缆风绳时,拴柱结的结法有 3 步:

第一步,将缆风绳在锚桩上绕一圈,如图 2-2-9(a)所示。

第二步,将绳头绕到缆风绳的后方,然后再从后绕到前方,如图 2-2-9(b)所示。

第三步,将绕到缆风绳前方的绳头从锚桩的前方绕到后方,并将绳头一端与缆风绳并在一起,用细铁丝或细麻绳扎紧,如图 2-2-9(c)所示。

当此绳结作溜放绳索时,其绳结的结法是,将绳索的绳头在锚桩上连续绕上两圈,并将手握紧绳头,将绳索的绳头按图 2-2-9(d)中箭头所示方向慢慢溜放。

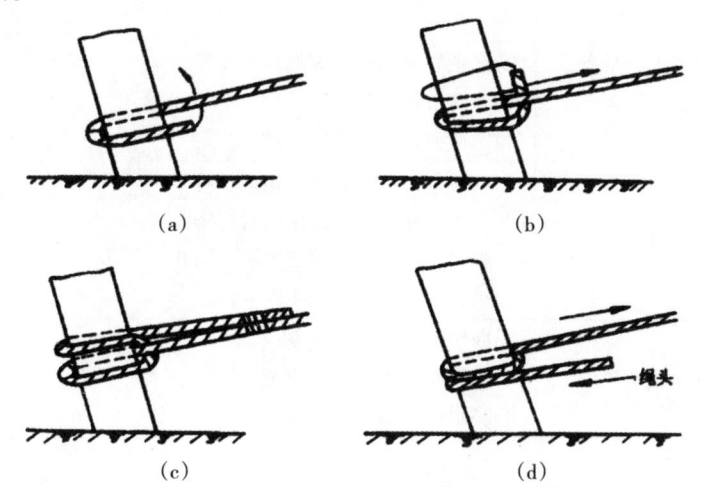

图 2-2-9 拴柱结示意图

四、训练时间(90 分钟)

序号	训练内容	训练时间(min)
1	直扣	10
2	活扣	10
3	紧线扣	10
4	双套结	10
5	抬扣	10
6	背扣	10
7	倒背扣	10
8	挂钩结	10
9	拴柱结	10

五、操作规范

1. 练习时,不能捆绑自身或他人,防捆扎物脱扣、弹出。

2. 吊起重物时注意防机械伤人,物体略微离开,需检查绳扣松紧、重物固定情况。

六、项目考核

序号	考核内容	考核要点
1	操作前的准备	(1)操作者必须穿长袖工作服、穿绝缘鞋、戴干净线手套、戴安全帽。 (2)准备纱绳、麻绳、棕绳及尼龙绳。 (3)金属吊钩一个。 (4)木质或金属长方体一段。
2	操作技能	(1)叙述电力电缆施工常用绳结种类。 (2)叙述不同绳结所适用的对应场合。 (3)根据考官指定方式正确进行结扣。 (4)结扣后检查捆绑应牢固。
3	安全注意事项	(1)捆绑时应注意环境安全。 (2)捆绑时应注意人身安全。 (3)必须保证捆绑绝对牢固。

项目3 电力电缆型号截面识别

一、项目描述

本任务为电力电缆型号截面识别。通过观摩识记多规格电缆样品,并通过电缆规格编号进行判断,掌握对现场电缆的电压等级、电缆结构、电缆规格辨识能力。

二、项目准备

配备锯弓(手锯或电锯)、锯条、个人工器具(包括电工刀或重型美工刀、钢丝钳、螺丝刀、扳手)、美工刀刀片、卷尺、记号笔、计量器、千分尺、纱手套、PVC带等工具和5~8个电缆切片、立柱模型,同时配有不少于8个规格的电缆(配电电缆5种、输电电缆3种)等器材,设置围栏并悬挂标示牌。

三、项目实施

(一)电力电缆型号识别

1. 10kV交联聚乙烯绝缘电力电缆的构造特征,如图2-3-1、图2-3-2所示。

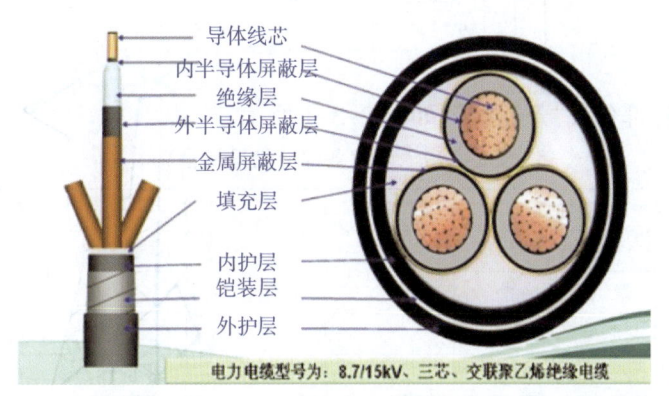

图2-3-1 10kV交联聚乙烯绝缘电力电缆的构造特征示意图

图 2-3-2 10kV 交联电缆实物

2.电力电缆的命名方法：电力电缆产品命名用型号、规格和标准编号表示，而电缆产品型号一般由绝缘、导体、护层的代号构成，因电缆种类不同型号的构成有所区别；规格由额定电压、芯数、标称截面构成，以字母和数字为代号组合表示。

(1) 额定电压 1(U_m=1.2kV)～35kV(U_m=42kV)挤包绝缘电力电缆命名方法

产品型号的组成和排列顺序如下：

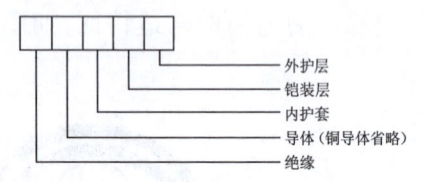

```
┌─┬─┬─┬─┬─┬─┐
│ │ │ │ │ │ │── 外护层
│ │ │ │ │ │─── 铠装层
│ │ │ │ │───── 内护套
│ │ │ │─────── 导体（铜导体省略）
│ │ │───────── 绝缘
```

电缆各部分代号及含义，如表 2-3-1 所示。

表 2-3-1 电缆各部分代号及含义

导体代号	铜导体	(T)省略	铠装代号	双钢带铠装	2
	铝导体	L		细圆钢丝铠装	3
绝缘代号	聚氯乙烯绝缘	V		粗圆钢丝铠装	4
	交联聚乙烯绝缘	YJ		双非磁性金属带铠装	6
	乙丙橡胶绝缘	E		非磁性金属丝铠装	7
	硬乙丙橡胶绝缘	HE	外护层代号	聚氯乙烯外护套	2
护套代号	聚氯乙烯护套	V		聚乙烯外护套	3
	聚乙烯护套	Y		弹性体外护套	4
	弹性体护套	F			

(续表)

护套代号	挡潮层聚乙烯护套	A			
	铅套	Q			

例1：YJV22-8.7/10kV-3×400，描述为铜芯、交联聚乙烯绝缘、聚氯乙烯护套、双钢带铠装、额定电压8.7/10kV、三芯、标称截面积为400mm² 电力电缆；

例2：YJV22-0.4/1kV-4×150，描述为铜芯、交联聚乙烯绝缘、聚氯乙烯护套、双钢带铠装、额定电压0.4/1kV、四芯、标称截面积为150mm² 电力电缆，如图2-3-3所示。

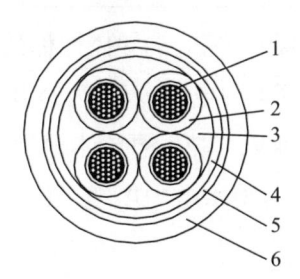

图 2-3-3　YJV22-1kV 四芯电力电缆结构断面示意图
1—铜导体；2—聚乙烯绝缘；3—填充物；4—聚氯乙烯内护套；
5—钢带铠装；6—聚氯乙烯外护套

（2）额定电压110kV及以上交联聚乙烯绝缘电力电缆命名方法

产品型号依次由绝缘、导体、金属套、非金属外护套或通用外护层以及阻水结构的代号构成，如图2-3-4所示。

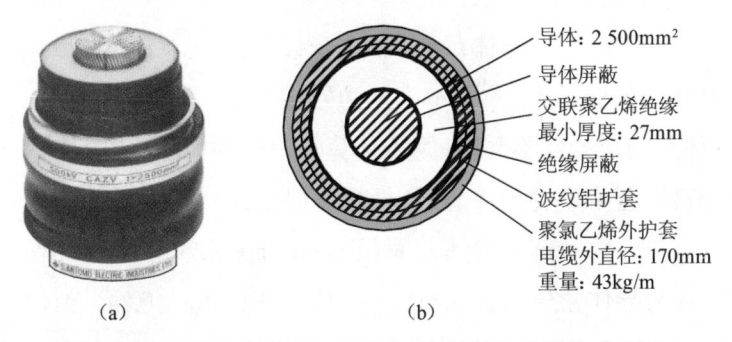

图 2-3-4　XLPE-500kV 1×2 500mm² 交联电缆结构示意图

图2-3-4(a)为XLPE-500kV交联电缆结构立体示意图;图2-3-4(b)为XLPE-500kV交联电缆结构断面示意图。

各部分代号及含义见表2-3-2。

表2-3-2　代号含义

导体代号	铜导体	(T)省略	非金属外护套代号	聚氯乙烯外护套	02
	铝导体	L		聚乙烯外护套	03
绝缘代号	交联聚乙烯绝缘	YJ	阻水结构代号	纵向阻水结构	Z
金属护套代号	铅套	Q			
	皱纹铝套	LW			

例1:额定电压64/110kV,单芯,铜导体标称截面积630mm²,交联聚乙烯绝缘皱纹铝套聚氯乙烯护套电力电缆,表示为:YJLW02-64/110kV-1×630。

例2:额定电压64/110kV,单芯,铜导体标称截面积800mm²,交联聚乙烯绝缘铅套聚乙烯护套纵向阻水电力电缆,表示为:YJQ03-Z-64/110kV-1×800。

(二)电缆截面识别

1. 电力电缆截面系列有:35mm²、50mm²、70mm²、95mm²、120mm²、150mm²、185mm²、240mm²、300mm²、400mm²、500mm²、630mm²等。

2. 几何法:截取一定单位长度的电缆样品,剥除护套、绝缘层、内屏蔽层,用清洁剂擦除导体表面污垢、金属屑,将导体层层剥离,使用千分尺,量取导体单根直径,根据下面公式计算:

$$导体截面积 S = \pi (D/2)^2 \cdot n$$

其中:D为单根导体直径(mm),n为导体数量。

若导体层与层导体不等径,则需计算每一层的面积,然后计算总和。

3. 估算法:量取整体导体直径,根据下面公式计算:

$$圆形导体截面积 S = \alpha \cdot \pi (D/2)^2$$

其中:α为导体紧压系数,导体一次紧压,取0.82~0.84;导体分层紧压,D为导体整体直径,取0.9~0.93。

4. 称重法:截取一定单位长度的电缆,剥除护套、绝缘层、内屏蔽层,用清洁剂擦除导体表面污垢、金属屑,使用计量器称取质量,根据下式计算:

$$导体截面积 S = 10^6 G/(L \cdot k)$$

其中:S 为截面积(mm^2);G 为导体质量(kg);L 为导体长度(mm);k 为比重(铜取 $8.9g/cm^3$、铝取 $2.7g/cm^3$)。

根据几何法、估算法、称重法计算结果与标准截面相比较,得到最终截面型号。

四、训练时间(60 分钟)

序号	训练内容	训练时间(min)
1	电缆型号识别	10
2	几何法判别电缆截面	20
3	估算法判别电缆截面	10
4	称重法判别电缆截面	20

五、操作规范

1. 切割、剥除电缆时,注意防止机械伤人。

2. 切割的样品两端应齐整,不得有斜面的情况;导体表面的铜屑应处理干净。

3. 测量直径、长度和称重应规范操作,整体量取直径时不得松散,读数精准。

六、项目考核

序号	考核内容	考核要点
1	操作前的准备	操作者必须穿长袖工作服、穿绝缘鞋、戴干净线手套、戴安全帽。
2	操作技能	判定电缆的规格型号、电压等级并进行汉字完整表述。

项目4　电缆终端头的制作安装

一、项目描述

本任务为电缆终端头的制作安装操作。通过实训10kV电缆预处理、热缩户外附件安装及安全注意事项等内容,掌握电缆终端头的制作安装步骤和工艺要求。

二、项目准备

配备锯弓(手锯或电锯)、锯条、压钳(手动压钳或电动压钳)、个人工器具(包括电工刀或重型美工刀、钢丝钳、螺丝刀、扳手)、刀片、卷尺、记号笔、纱手套、铜绑扎线(或恒力弹簧)、锉刀、兆欧表、PVC带、抹布、喷枪、煤气罐、灭火器、温湿度计等工具和热缩户外(户内)终端附件、电缆支架、交联电缆、绑扎铁丝、围栏、标志牌等器材。

三、项目实施

(一)工作前准备

1.检查各工器具、专用工具、仪器仪表等配置无误且无质量问题。

2.核对电缆型号与电缆附件规格匹配,检查材料的数量符合材料表所列数量、合格证、质保卡等,外观无缺陷。

3.阅读安装说明书。

(二)任务操作步骤

(注:由于不同厂家其附件安装工艺尺寸会略有不同,本工艺尺寸仅供参考。)

1.固定、校直、清洁电缆

擦洗电缆护套,将电缆校直。

2.剥除外护套

按图纸尺寸剥除外护套,护套分两次剥除,即护套端头部分保留50—100mm,以避免电缆铠装层松散;剥除时要求断口平齐。

3.剥除铠装层

按图纸尺寸保留铠装层,多余剥除。剥除时铠装上绑扎铜线(或恒力弹簧),绑线用 2.0mm 的铜线,每道 3~4 匝。锯铠装时,其圆周锯痕深度应均匀,以 2/3 为宜,不得损伤内护套。剥除时要求断口平齐,无毛刺。

4. 剥除内护套及填料

按图纸尺寸保留内护套,多余剥除。剥除时,不得损伤金属屏蔽层。

分相前应将铜屏蔽末端用 PVC 带扎牢,防止松散;分相时,不可强行弯曲,以免铜屏蔽层褶皱、变形,如图 2-4-1 所示。

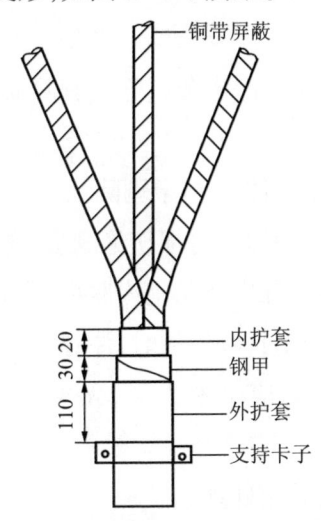

图 2-4-1 10kV 热缩式电力电缆终端头剥切尺寸图

5. 安装接地线(按双接地处理)

(1)铠装层、铜屏蔽层打磨。

(2)铠装接地安装:使用恒力弹簧将铜编制接地线牢固安装在铠装的两层钢带交界处(也可使用焊接或绑扎),并绕包绝缘胶带,进行绝缘隔离。

(3)铜屏蔽接地安装:截面较大的接地编织带在每相铜屏蔽上缠绕后通过恒力弹簧固定。

6. 安装热缩分支手套、热缩绝缘管

(1)密封段处理:自外护套断口向下 20mm 处的电缆上绕包两层宽度 20mm 的密封胶,将接地编织带埋入其中,以提高密封防水性能。

(2)包绕填充胶:自铜屏蔽接地线处向下绕包密封胶(或填充胶),绕包体表面应平整,绕包后外径必须小于分支手套内径。

(3)将分支手套套入电缆三叉部位,由中间向两端加热收缩,注意火焰不得过猛,应环绕加热,均匀收缩。收缩后不得有空隙存在,表面不应有焦糊、气泡现象。

(4)将热缩护套管分别套入三相,由下向上均匀收缩,收缩后不得有空隙存在,表面不应有焦糊、气泡现象。

7. 剥除铜屏蔽层

根据图纸尺寸保留铜屏蔽,多余剥除。剥除时,不得损伤外半导电层。

8. 剥除外半导电屏蔽层

(1)根据尺寸保留外半导体层,多余剥除。

(2)剥除时横向和纵向用刀不得损伤绝缘层。剥至横向刀痕时不可直接撕拉,应横向撕剥,防止外半导电体与绝缘脱离,留有间隙。

(3)外半导电层端部切削打磨斜坡时,注意不得损伤绝缘层。打磨后,外半导电层端口应平齐,坡面应平整光洁,无尖端、无毛刺,与绝缘层圆滑过渡。

9. 剥除线芯绝缘层及导角处理

一般图纸要求:按线端子孔深 +5mm 剥除绝缘层;不得损伤线芯导体;导体上半导电残迹应清除干净,绝缘端口进行 1.5mm × 1.5mm 导角处理。

10. 砂磨、清洁绝缘层

(1)绝缘表面进行纱磨处理,应光滑,无碳黑颗粒、无灰尘、无汗渍;打磨时注意,不能打磨到半导电层。

(2)清洁时应从绝缘端口向外半导电层方向擦抹,不能反复擦,严禁用带有炭痕的布或纸擦抹。

(3)用塑料薄膜保护绝缘表面。

11. 线端子压接及处理

(1)清洗线端子内壁,套入线芯上;选用匹配的模具,按从上到下的顺序,依次压接;压模数,根据模具宽度不同,压接2~4模,手动压接到位后,停滞10秒左右,保持其塑性变形。

(2)打磨并清洁;用锉刀或砂纸处理压接点,不得留有尖端、毛刺。

12. 安装应力控制管(应力控制胶)

(1)拆除保护膜,再次清洗绝缘层。

(2)将黄色应力控制胶拉伸至宽度的一半,从外半导电端口向上包,搭盖绝缘层10mm,折返下包至铜屏蔽端口,来回包绕成鼓状应力控制锥。

(3)在绝缘层均匀涂抹硅脂;套入黑色应力控制管至绝缘管端口,从根部开始向前,环绕加热均匀收缩,火焰温度要略低于收缩绝缘管的温度。如图2-4-2所示。

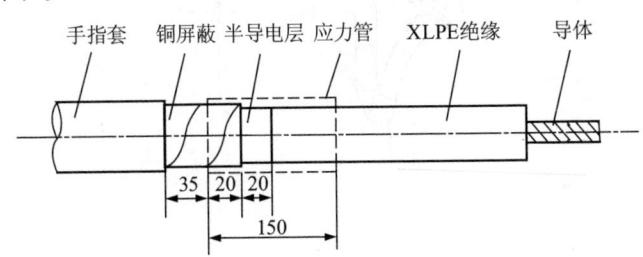

图2-4-2　10kV电缆热缩终端应力控制管安装示意图

13. 安装绝缘管

(1)在线端子与线芯间隙处包绕填充密封胶,搭盖绝缘层10mm;包绕外径不得大于尾管内径。

(2)在护套管端口向下包绕密封胶60mm,套入绝缘管,覆盖至密封胶下端;环绕加热均匀收缩,表面应平滑、无皱纹,不得有气泡、碳黑斑点现象。

(3)加热至绝缘管内部密封胶溢出,超出线端子平面部分要切除。

(4)按相位要求包绕PVC相色带。

14. 安装雨裙

(1)自分支手套上210mm处安装底部雨裙;底部雨裙上80mm处安装上雨裙;相间雨裙距离不低于15mm。

(2)热缩防雨裙时,应对防雨裙上端直管部位圆周进行加热。加热时应用温火,火焰不得集中,以免防雨裙变形和损坏。

(3)防雨裙加热收缩中,应及时对水平、垂直方向进行调整和对防雨裙边进行整形。

(4)防雨裙加热收缩只能一次性定位,收缩后不得移动和调整,以免防雨裙上端直管内壁密封胶脱落,固定不牢,失去防雨功能。如图 2-4-3 所示。

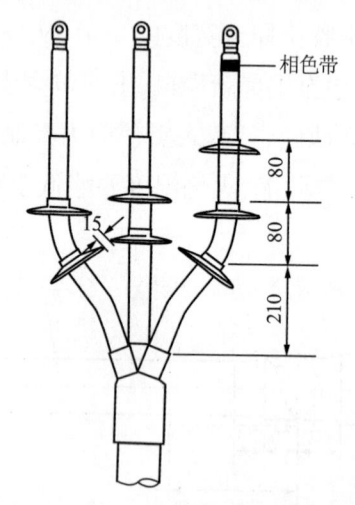

图 2-4-3　10kV 热缩式电力电缆户外终端头防雨裙安装位置图

15.清理现场

(1)整理工器具,清理现场。

(2)按垃圾分类清理垃圾。

四、训练时间(120 分钟)

序号	训练内容	训练时间(min)
1	电缆预处理	30
2	接地线、分支手套安装	15
3	铜屏蔽、半导电体、绝缘剥除及纱磨	35
4	线端子安装	10
5	应力控制管、绝缘管安装	20
6	雨裙安装	5
7	清理现场	5

五、操作规范

1. 电缆制作过程的危险点告知及防范措施

(1)规范使用制作中的工器具,做到"四不伤害"。

(2)工作现场要做到防触电、防坠落、防坠物、防机械伤害、防火灾、防中暑、防交通事故等,做好各种安全防范措施。

2. 制作要求

(1)人员要求:安装制作人员需经培训、考核合格,持证上岗,身体健康。

(2)手续要求:办理并完善工作许可、工作票、工作监护等组织措施及停电、验电、挂接地线、设置围栏等技术措施。

3. 安装环境要求

在室外制作 6kV 及以上电缆终端时,其空气相对湿度宜为 70% 及以下,以及防止尘埃、杂物落入电缆绝缘上和附件内,否则应采取相应措施。

4. 制作时对电缆及附件的要求

(1)电缆附件、辅助材料及工器具的准备,确保与电缆匹配。

(2)阅读并熟悉安装图。

(3)安装前应对电缆进行绝缘测量,经试验合格后方可进行安装。

(4)规范安装,确保安装质量,防质量隐患。

(5)安装终结,填写安装记录单。

六、项目考核

序号	考核内容	考核要点
1	准备工作及安全措施	戴安全帽、穿工作服、穿绝缘鞋、带个人工具,易燃用具单独放置。
2	工器具及材料的选择和使用	选择正确工器具和材料,且会正确使用,摆放整齐。
3	剥切外护套	根据所选用厂家提供附件的具体要求尺寸,从电缆端部剥除外护套,要求切口平齐。
4	锯钢铠(无钢铠此项不操作)	(1)在外护套断口量 30mm 做扎线,扎线绕向应与钢铠方向一致,扎线绑扎牢固、平齐,在扎线处钢铠要打磨处理。 (2)尺寸符合要求。

(续表)

序号	考核内容	考核要点
4	锯钢铠(无钢铠此项不操作)	(3)不得锯透。 (4)用螺丝刀将锯口撬起,用钳子撕下钢铠,不得撕裂,不得从末端绕剥。
5	剥切内护套	预留10mm内护套,其余剥除。要求剥切口平齐且不得伤及铜屏蔽层。
6	铜屏蔽层上安装地线(如有钢铠者也应进行地线连接)	在焊接处要打磨、清理并镀锡。地线应固定于双层钢铠衔接处,并进行镀锡处理,长度不小于30mm。离外护套切口50mm处将地线用铜扎线固定。
7	安装分支手套	取填充物塞入三叉口,在焊地线处和钢铠上包绕填充物,使之成苹果形。将电缆外护套断口以下80mm内用砂纸打磨、清理干净,将地线夹在中间绕包两层热溶胶。套上分支手套,加热收缩,要求热缩均匀、表面光滑。
8	剥除多余的铜屏蔽层	按工艺要求保留分支手套端口以上的铜屏蔽层,即从分支手套端口以上预留20mm铜屏蔽层,其余应剥除。剥除时不得伤及半导电屏蔽层,剥切口平齐。
9	剥切多余的半导电屏蔽层	按工艺要求保留铜屏蔽层切口以上半导电屏蔽层,即自铜屏蔽层切口向上预留20mm半导电屏蔽层,其余剥除。剥除时不伤及绝缘,剥切口将半导电屏蔽层处理成3mm小斜坡,不得有毛刺,不得将剥切口撕裂或撕起。
10	剥除多余绝缘	自缆芯端部量取接线端子孔深加5mm,剥除绝缘,剥切时不损伤缆芯,切口平齐。
11	打磨、清洗绝缘层	打磨时,先将缆芯保护好。打磨绝缘层时,要求光滑,清洗干净,无附着半导电颗粒。清洗时擦抹方向应从绝缘层到半导电屏蔽层,不得反向。
12	安装应力控制元件	在绝缘外半导电屏蔽层切口上绝缘层台阶处之间以及绝缘表面,均匀涂抹适量硅脂,套入应力控制元件,使其下端与分支手套端口对齐。
13	安装绝缘管	用干净布擦拭绝缘管、应力控制管及分支手套表面,套上绝缘管,注意使涂有热溶胶的一端套至分支手套的根部,并切除多余的绝缘管。
14	安装接线端子(不压接)	清洁缆芯,清洁接线端子,将接线端子套进缆芯。

（续表）

序号	考核内容	考核要点
15	加装密封管	先用填充物填平接线端子与绝缘管之间的间隙,并与接线端子和绝缘管搭接20mm,然后套入密封管。
16	文明作业	工作过程中注意安全；保持工器具材料摆放整齐、有序；工作有条不紊；完工后清理现场,整理工器具,填写记录。

项目 5 10kV 电力电缆户内热缩终端头制作

一、项目描述

本项目为 10kV 电力电缆户内热缩终端头制作。通过实训 10kV 电缆预处理、热缩附件安装及安全注意事项等内容,掌握 10kV 户内热缩终端头制作的步骤和工艺要求。

二、项目准备

同项目 4 的"项目准备"。

三、项目实施

1～12 同项目 4"项目实施"的 1～12。

13. 安装绝缘管

(1)在线端子与线芯间隙处包绕填充密封胶,搭盖绝缘层 10mm;包绕外径不得大于尾管内径。

(2)在护套管端口向下包绕密封胶 60mm,套入绝缘管,覆盖至密封胶下端;环绕加热均匀收缩,表面应平滑、无皱纹,不得有气泡、碳黑斑点现象。

(3)加热至绝缘管内部密封胶溢出,超出线端子平面部分要切除。

(4)按相位要求包绕 PVC 相色带,如图 2-5-1 所示。

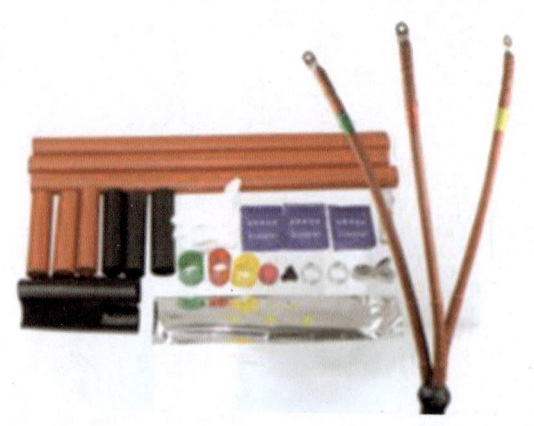

图 2-5-1 10kV 热缩式电力电缆户内终端头(图取自网络)

14. 清理现场

(1)整理工器具,清理现场。

(2)按垃圾分类清理垃圾。

四、训练时间(115 分钟)

序号	训练内容	训练时间(min)
1	电缆预处理	30
2	接地线、分支手套安装	15
3	铜屏蔽、半导电体、绝缘剥除及纱磨	35
4	线端子安装	10
5	应力控制管、绝缘管安装	20
6	清理现场	5

五、操作规范

1. 电缆制作过程的危险点告知及防范措施

(1)规范使用制作中的工器具,做到"四不伤害"。

(2)工作现场要做到防触电、防坠落、防坠物、防机械伤害、防火灾、防中暑、防交通事故等,做好各种安全防范措施。

2. 制作要求

(1)人员要求:安装制作人员需经培训、考核合格,持证上岗,身体健康。

(2)手续要求:办理并完善工作许可、工作票、工作监护等组织措施及停电、验电、挂接地线、设置围栏等技术措施。

3. 安装环境要求

在室外制作 6kV 及以上电缆终端时,其空气相对湿度宜为 70%及以下,以及防止尘埃、杂物落入电缆绝缘上和附件内,否则应采取相应措施。

4. 制作时对电缆及附件的要求

(1)电缆附件、辅助材料及工器具的准备,确保与电缆匹配。

(2)阅读并熟悉安装图。

(3)安装前应对电缆进行绝缘测量,经试验合格后方可进行安装。

(4)规范安装,确保安装质量,防质量隐患。

(5)安装终结,填写安装记录单。

六、项目考核

序号	考核内容	考核要点
1	准备工作及安全措施	戴安全帽、穿工作服、穿绝缘鞋、带个人工具,易燃用具单独放置。
2	工器具及材料的选择和使用	选择正确工器具和材料,且会正确使用,摆放整齐。
3	剥切外护套	根据所选用厂家提供附件的具体要求尺寸,从电缆端部剥除外护套,要求切口平齐。
4	锯钢铠	(1)在外护套断口量30mm做扎线,扎线绕向应与钢铠方向一致,扎线绑扎牢固、平齐,在扎线处钢铠要打磨处理。 (2)尺寸符合要求。 (3)不得锯透。 (4)用螺丝刀将锯口撬起,用钳子撕下钢铠,不得撕裂、不得从末端绕剥。
5	剥切内护套	预留10mm内护套,其余剥除,要求剥切口平齐且不得伤及铜屏蔽层。
6	在钢铠及铜屏蔽层上安装地线	在焊接处要打磨、清理并镀锡。地线应固定于双层钢铠衔接处,并进行镀锡处理,长度不小于30mm,离外护套切口50mm处将地线用铜扎线固定。
7	安装热缩分支手套	取填充物塞入三叉口,在焊地线处和钢铠上包绕填充物,使之成苹果形。将电缆外护套断口以下80mm内用砂纸打磨、清理干净,将地线夹在中间绕包两层热溶胶。套上分支手套,加热收缩,要求热缩均匀、表面光滑。
8	剥除多余的铜屏蔽层	按工艺要求保留分支手套端口以上的铜屏蔽层,即从分支手套端口以上预留20mm铜屏蔽层,其余应剥除。剥除时不得伤及半导电屏蔽层,剥切口平齐。
9	剥切多余的半导电屏蔽层	按工艺要求保留铜屏蔽层切口以上半导电屏蔽层,即自铜屏蔽层切口向上预留20mm半导电屏蔽层,其余剥除。剥除时不伤及绝缘,剥切口将半导电屏蔽层处理成3mm小斜坡,不得有毛刺,不得将剥切口撕裂或撕起。
10	剥切多余绝缘	自缆芯端部量取接线端子孔深加5mm,剥除绝缘,剥切时不损伤缆芯,切口平齐。

(续表)

序号	考核内容	考核要点
11	打磨、清洗绝缘层	打磨时,先将缆芯保护好;打磨绝缘层时,要求光滑,清洗干净,无附着半导电颗粒;清洗时擦抹方向应从绝缘层到半导电屏蔽层,不得反向。
12	热套应力控制管	在绝缘外半导电屏蔽层切口上绝缘层台阶处之间以及绝缘表面,均匀涂抹适量硅脂,套入应力控制管,使其下端与分支手套端口对齐,然后加热收缩。要求热缩均匀,表面光滑,无烧焦痕迹。
13	安装接线端子(不压接)	清洁缆芯,清洁接线端子,将接线端子套进缆芯。
14	热套绝缘管	用干净布擦拭绝缘管、应力控制管和分支手套表面。套上绝缘管,注意使涂有热溶胶的一端套至分支手套的根部。加热收缩,并切除多余的绝缘管。要求热缩均匀,无烧焦痕迹。
15	加装密封管	先用填充物填平接线端子与绝缘管之间的间隙,并与接线端子和绝缘管搭接20mm,然后套入密封管,加热收缩(收缩后密封管两端有胶溢出属正常)。
16	核相及加相标	核对电缆相序,将相色管分别套入密封管与绝缘管之间,加热收缩。要求相序标记(相标)与电缆本体相序一致。
17	文明作业	工作过程中注意安全;保持工器具材料摆放整齐、有序;工作有条不紊;完工后清理现场,整理工器具,填写记录。

项目6　10kV电力电缆户内冷缩终端头安全操作

一、项目描述

本任务为10kV电力电缆户内冷缩终端头安全操作。通过实训10kV电缆预处理、冷缩附件安装及安全注意事项等内容，掌握10kV户内冷缩终端头制作的步骤和工艺要求。

二、项目准备

附件为户内冷缩终端附件，其余同项目4的"项目准备"。

三、项目实施

电缆预处理1~5同项目4的"项目实施"1~5。

6. 安装冷缩分支手套、绝缘直管

(1)密封段处理：自外护套断口向下20mm处的电缆上绕包两层宽度20mm的密封胶，将接地编织带埋入其中，以提高密封防水性能，如图2-6-1、图2-6-2所示。

(2)包绕填充胶：自铜屏蔽接地线处向下并搭盖至电缆外护套20mm处绕包密封胶(或填充胶)，三相分叉部位空间应用填充胶填实，绕包体表面应平整，绕包后外径必须小于分支手套内径。

(3)在填充胶外部包绕绝缘带或涂抹硅脂，便于分支手套的抽拉。

(4)套入分支手套，先抽拉下端内衬条，再抽拉上端内衬条。

(5)套入三相冷缩直管，搭接分支手套不少于20mm，去除多余部分。

(6)抽拉内衬条时，一般是逆时针旋转抽拉，旋转速度与抽出层数要匹配，否则极易与电缆相绞。

7. 剥除铜屏蔽层

(1)自冷缩护套管端口，根据图纸尺寸保留铜屏蔽(一般保留20~50mm)，多余剥除。

(2)剥除时，应用Φ1.0mm镀锡铜绑线扎紧或用恒力弹簧固定，切割时，

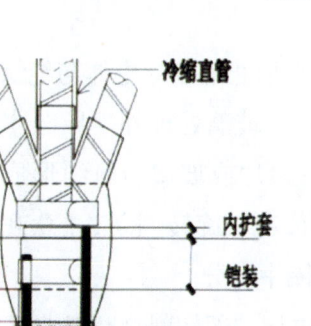

图 2-6-1　冷缩终端密封段处理

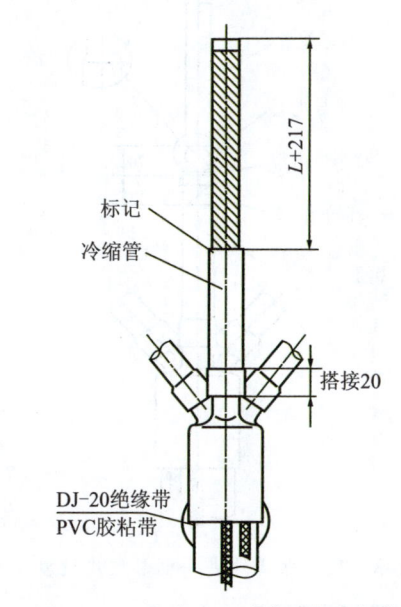

图 2-6-2　安装分支手套、绝缘直管

只能环切一刀痕,不能切透,以免损伤外半导电层,剥除时,应从刀痕处撕剥。

8.剥除外半导电屏蔽层及坡度过渡处理

(1)自铜屏蔽端口,根据尺寸保留外半导体层(一般15~40mm),多余剥除。

(2)剥除时横向和纵向用刀不得损伤绝缘层。剥至横向刀痕时不可直接撕拉,应横向撕剥,防止外半导电体与绝缘脱离,留有间隙。

(3)使用刀片或玻璃处理外半导电体与绝缘层处的台阶,应圆滑过渡,坡度长 2~3mm;刀片或玻璃与电缆形成 30~45°的夹角,并且紧贴电缆,沿电缆圆周方向,均匀旋转刨切,注意观察,随时调整厚度与长度。如图 2-6-1 放大的圆圈中部分。

(4)外半导电层端部切削打磨斜坡时,注意不得损伤绝缘层。打磨后,外半导电层端口应平齐,坡面应平整光洁,无尖端、无毛刺,与绝缘层圆滑过渡。如图 2-6-3 所示。

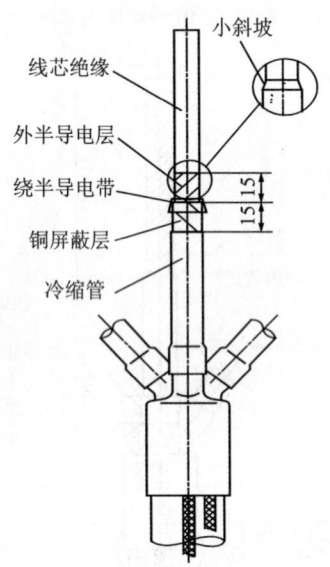

图 2-6-3　交联电缆外半导电层坡度过渡处理

9.剥除线芯绝缘层及导角处理

(1)一般图纸要求:按线端子孔深 +5mm 剥除绝缘层;主要是考虑金属压接的延伸以及便于密封胶更好密封。

(2)不得损伤线芯导体。

(3)导体上半导电残迹应清除干净。

(4)绝缘端口进行 1.5mm×1.5mm 导角处理。

10.砂磨、清洁绝缘层

（1）分别用 #240、#320 砂纸进行砂磨，绝缘表面应圆整光滑，否则套入附件后，将形成间隙，造成局放的发生；打磨时注意，不能打磨到半导电层。

（2）用浸有清洁剂且不掉纤维的细布或清洁纸清除绝缘层表面上的污垢和炭痕。清洁时应从绝缘端口向外半导电层方向擦抹，不能反复擦，严禁用带有炭痕的布或纸擦抹。擦净后用一块干净的布或纸再次擦抹绝缘表面，检查布或纸上无炭痕方为合格。

（3）用塑料薄膜保护绝缘表面。

11. 附件绝缘主体定位、安装

（1）在铜屏蔽断口出绕包半导电带，搭接铜屏蔽与外半导电层。

（2）根据说明书，在冷缩护套管上用 PVC 带做终端套管定位标记。

（3）清洁纸从上至下把各相清洁干净，待清洁剂挥发后，在绝缘层表面均匀地涂上硅脂。

（4）将冷缩终端绝缘主体套入电缆，衬管条伸出的一端后入电缆，沿逆时针方向均匀地抽掉衬管条，使终端绝缘主体收缩。（注意：终端绝缘主体收缩好后，其下端与标记齐平。）如图 2-6-4 所示。

图 2-6-4　附件绝缘主体定位、安装

12. 压接接线端子

压接接线端子时,接线端子与导体必须紧密接触,按先上后下顺序进行压接。压接后,端子表面的尖端和毛刺必须打磨光滑。

13. 冷缩密封管及相色带安装

(1)在绝缘管与接线端子间用填充或和密封胶将台阶填平,使其表面平整。

(2)安装冷缩密封管时,其上端与终端绝缘主体充分搭接,抽出衬管条时,速度应均匀缓慢,两手应协调配合,以防冷缩护套管收缩不均匀造成拉伸和反弹。在接线端子处如有空隙,需割除多余密封管,用J-20绝缘带、PVC带进行绕包密封。

(3)按系统相色包缠相色带。

14. 清理现场

(1)整理工器具,清理现场。

(2)按垃圾分类清理垃圾。

四、训练时间(110分钟)

序号	训练内容	训练时间(min)
1	电缆预处理	30
2	接地线、分支手套安装	10
3	铜屏蔽、半导电体、绝缘剥除及砂磨	35
4	绝缘主体安装	10
5	线端子安装	15
6	尾管安装	5
7	清理现场	5

五、操作规范

1. 电缆制作过程的危险点告知及防范措施

(1)规范使用制作中的工器具,做到"四不伤害"。

(2)工作现场要做到防触电、防坠落、防坠物、防机械伤害、防火灾、防中暑、防交通事故等,做好各种安全防范措施。

2.制作时对电缆及附件的要求

(1)电缆附件、辅助材料及工器具的准备,确保与电缆匹配。

(2)阅读并熟悉安装图。

(3)安装前应对电缆进行绝缘测量,经试验合格后方可进行安装。

(4)规范安装,确保安装质量,防止质量隐患。

(5)安装终结,填写安装记录单。

六、项目考核

序号	操作步骤	标准要求
1	固定、校直电缆	校直电缆主要是防止尺寸误差,但不得超出电缆允许弯曲半径范围。
2	剥除外护套	(1)根据图纸尺寸要求,剥切外护套;外护套尾端保留50~100mm,二次剥切,主要是防止铠装层散铠,造成锯除铠装困难、接地线不易安装以及散铠对人身的伤害。 (2)切口应平整,为保证切口平整,可用PVC带或记号笔圆周做标记,起刀与收刀保持在一条线上。
3	剥除铠装层	(1)按尺寸要求剥除铠装层。 (2)剥除时,易采用铜扎线,缠绕2~3圈,均匀地将圆周锯至厚度的2/3,不得损伤内护套;也可以采用恒力弹簧固定。 (3)切口应平整、无毛刺,剥除铠装层注意:不要用力过猛、漏锯、锯痕太浅,起锯与收锯应在一条线上。
4	剥除内护套	(1)剥除内护套,不得损伤铜屏蔽层。 (2)分相前,为防止铜屏蔽松散,需要包绕PVC带。
5	安装接地线(双接地)	(1)按电缆弯曲半径要求,进行分相处理。 (2)打磨外护套50mm,并打磨铠装层、铜屏蔽层,去除氧化物及污物。 (3)延展铜编织线,在铠装上用恒力弹簧紧固卡牢,用PVC带或自粘带进行绝缘隔离包绕。这是为了测试内护套绝缘进行的双接地安装,即铠装接地线与铜屏蔽接地线必须进行绝缘隔离,且能承受500V兆欧表的测试。 (4)在铜屏蔽上,接地线三相均需缠绕一圈,用恒力弹簧紧固卡牢,用PVC带或自粘带包绕。因为铜屏蔽要通过故障电流,接触不良时易发生热击穿现象。

(续表)

序号	操作步骤	标准要求
5	安装接地线(双接地)	(5)包绕填充胶:根据图纸尺寸,自铜屏蔽接地线上端口至外护套端口进行填充胶均匀包绕,兼顾造型;填充胶外径不应大于分支手套内径。 (6)密封段处理:在外护套端口下20mm处先包绕一圈20mm宽的密封胶带,将铠装和铜屏蔽接地线垂下,再包绕2~3圈密封胶。 (7)填充胶外包绕一层PVC带或自粘带或涂抹硅脂,这是为了安装分支手套时,利于内衬条的抽拉。
6	安装分支手套、绝缘直管	(1)套入分支手套,先抽拉下端内衬条,再抽拉上端内衬条。 (2)套入三相冷缩直管,搭接分支手套不少于15mm,去除多余部分。 (3)抽拉内衬条时,一般是逆时针旋转抽拉,旋转速度与抽出层数要匹配,否则极易与电缆相绞。
7	剥除铜屏蔽层	(1)按图纸尺寸要求剥除铜屏蔽层,不得损伤外半导电层,否则外半导电层将失去均匀电场、屏蔽电场的作用。 (2)标记带或扎线要紧固,不能松散;起刀与收刀要在一条线上,否则极易形成拉丝现象。 (3)铜屏蔽层端口应平齐、无毛刺。
8	剥除外半导电屏蔽层及坡度过渡处理	(1)横向(环刀)和纵向用刀,按尺寸剖切时不得损伤绝缘层。 (2)剖切到横向划痕时应横向撕剥,不得大力下拉,防止外半导电体与绝缘层脱离。因为,外半导电层的断口处,具有不利于绝缘的轴向应力,此处电场极易集中和不均匀,是电缆最容易击穿的部位。 (3)使用刀片或玻璃进行坡度处理,这是为了使应力锥与半导电体良好接触,减少二者之间的间隙,防止局放的发生。使用刀片或玻璃处理坡度的要领:刀片或玻璃与电缆形成30~45°的夹角,并且紧贴电缆,沿电缆圆周方向,均匀旋转刨切,注意观察,随时调整厚度与长度。 (4)端口应平齐、无尖端无刺。 (5)使用砂纸打磨坡度时,注意半导电体颗粒,不能带入绝缘层。
9	剥除线芯绝缘层及导角处理	(1)一般图纸要求:接线端子孔深+5mm剥除绝缘层,主要是考虑金属压接的延伸、以及便于密封胶更好密封。 (2)不得损伤线芯导体,否则将降低导体的载流量和机械强度。 (3)导体上半导电残迹应清除干净,否则增大了线端子与线芯的接触电阻。

(续表)

序号	操作步骤	标准要求
10	砂磨、清洁绝缘层	(1)分别用 #240、#320 砂纸进行砂磨,绝缘表面应圆整光滑,否则套入附件后,将形成间隙,造成局放的发生;打磨时注意,不能打磨到半导电层。 (2)绝缘表面的清洗要从绝缘的端部开始到半导电体,多次并且按一个方向进行,不得反复使用同一张清洁纸;防止半导体颗粒、铜颗粒带入绝缘表面。 (3)用塑料薄膜保护绝缘表面。
11	附件绝缘主体定位、安装	(1)100%拉伸半导电带,在铜屏蔽端口,搭接铜屏蔽 5mm 包绕 20mm 半导电带 2 个来回。 (2)按尺寸和相位要求包绕黄绿红三色定位标记。 (3)去除保护膜,待清洁剂挥发后,在绝缘表面均匀涂抹硅脂。 (4)将附件主体套装到位,均匀抽拉内衬条;终端附件主体中,应力锥与绝缘一次挤压成型,此处的定位,关系应力锥能否起到均匀和改善电场的作用,是防止局放的要点。
12	接线端子压接及处理	此处是压接过渡防尖端的要点: (1)用塑料薄膜保护绝缘表面。 (2)清洗接线端子内壁,套入线芯上;选用匹配的模具,按从上到下的顺序,依次压接;压模数,根据模具宽度不同,压接 2~4 模,手动压接到位后,停滞 10 秒左右,保持其塑性变形。 (3)打磨并清洁;用锉刀或砂纸处理压接点,不得留有尖端、毛刺。
13	冷缩密封管及相色带安装;	(1)去除保护膜,在接线端子与线芯间隙处填充密封胶并包绕至接线端子上部压接处;包绕外径不得大于尾管内径。 (2)套入冷缩尾管,抽拉安装;超出接线端子部分要切除。 (3)按相位要求包绕 PVC 相色带。
14	清理现场	(1)整理工器具,清理现场。 (2)按垃圾分类清理垃圾。

项目7 10kV 线路挂设保护接地线

一、项目描述

本任务为 10kV 线路挂设保护接地线。通过教授 10kV 线路挂设保护接地线的方法及安全注意事项等内容及实训,掌握 10kV 线路挂设保护接地线的步骤和要求。

二、项目准备

实训现场配备脚扣、安全带、绝缘棒、绝缘小绳、绝缘手套、10kV 验电器、接地线、个人工器具等工具和 10kV 电源(包括杆塔、架空线或电缆)或模拟电源、断路器开关(跌落式熔断器)、标志牌等器材。

三、项目实施

1. 办理并完善工作许可、工作票等组织措施,交代工作内容、现场作业危险点,明确人员分工、工作程序并签字确认。

2. 检查脚扣、安全带、绝缘手套、10kV 验电器、接地线等安全工器具确在试验周期内,外观无破损,无质量问题;其中验电器的工作电压应与待测设备的电压相同且使用前应进行自检。

3. 核对线路双重称号、线路杆号

核对待登杆塔的线路双重称号(线路名称、位置称号)、线路杆号、线路色标,确认无误。

4. 登杆前的检查

登杆前对杆根、拉线、杆上线路状况进行勘查以及对登高工具进行冲击试验检查。

5. 登杆作业

(1)登杆过程中不得失去安全保护,并站位合理。

(2)登杆及作业中,观察人体与邻近带电线路或设备,保持 10kV 及以下电压等级,以及 0.7m 以上的安全距离。

(3)安全带(绳)使用正确,应使用双保护,即安全带和保护绳应分挂在杆塔不同部位的牢固构件上。

(4)绝缘小绳牢固地系在构件上。

6. 验电操作

(1)应戴绝缘手套,伸缩绝缘棒应拉到位,手握在手柄处,不得超过护环,对停电设备逐相进行验电,应按照先验低压、后验高压,先验下层、后验上层,先验近侧、后验远侧的原则进行;验明线路确无电压。如图 2-7-1 所示。

(2)验电时应有人监护。

(3)使用绝缘小绳或吊物袋传递验电器,不得上下抛掷。

图 2-7-1 验电器使用示意图

7. 悬挂接地线

(1)戴绝缘手套,先挂接地端,后挂导线端,导线端应逐相挂设,接触良好,连接牢固。

(2)装设、拆除接地线均应使用绝缘棒并戴绝缘手套,人体不得触碰接地线或未接地的导体。

(3)接地线应使用专用的线夹固定在导线上,禁止用缠绕的方法接地或短路。

(4)装设、拆除接地线应有人监护。

8. 清理现场

(1)结束操作任务并汇报。

(2)清理现场,整理工器具。

四、训练时间(20分钟)

序号	训练内容	训练时间(min)
1	工器具检查	3
2	核对线路双重名称	1
3	登杆作业	5
4	验电作业	3
5	悬挂接地线	8

五、操作规范

1. 办理并完善工作许可、工作票等组织措施,交代工作内容、现场作业危险点,明确人员分工,工作流程并签字确认,确保作业人员人身安全;现场设置围栏并悬挂标示牌。

2. 工作时安全帽、工作服应穿戴齐整,并应做到防止误登杆、防止高空坠落、防止高空坠物、防止弧光短路、防止灼伤、防止触电等安全事故。

3. 验电、悬挂接地线时,应戴绝缘手套,应有人监护;人体与带电设备的距离必须符合《电业安全工作规程》规定的安全距离,即保持10kV及以下电压等级,以及0.7米以上的安全距离,防止触电。

4. 验电完毕,应立即悬挂接地线;成套接地线应用有透明护套的多股软铜线和专用线夹组成,接地线截面积应满足装设点短路电流的要求,且高压接地线的截面积不得小于25mm^2;临时接地体埋入地下深度不小于600mm;装设过程中人体不得触碰接地线或未接地的导体。

5. 接地线应有编号(如#1接地线、#2接地线),明确悬挂的杆号,位置称号(如"+"侧或"-"侧),应使用专用的线夹固定在导线上,禁止用缠绕的方法接地或短路。

6. 装设同杆塔架设的多层电力线路接地线,应先装设低压、后装设高压,先装设下层、后装设上层,先装设近侧、后装设远侧;拆除接地线的顺序与此相反。

7.雷电时严禁进行作业。

六、项目考核

序号	考核内容	考核要点
1	工作前的准备	(1)作业人应穿工作服。(2)穿绝缘鞋。(3)正确戴好安全帽。(4)系好安全带。(5)传递绳。(6)工具带。(7)个人工具。(8)保护接地线。(9)高压验电器。
2	工作前检查	(1)登杆前检查杆根与拉线。(2)登杆工具的检查,对登杆工具进行冲击试验。(3)使用前检查验电器与保护地线,确定其完好。(4)核对现场设备名称编号,明确断路器与刀闸确在断开位置。
3	挂接地线过程	(1)登杆:要动作规范、熟练。(2)工作位置确定:要站位合适,安全带系绑正确。(3)验电:带绝缘手套方法正确。(4)接地线装设:先接接地端后接导线电端,逐相挂设,操作熟练。
4	工作终结验收	(1)接地线与导线连接可靠,没有缠绕现象。(2)操作人身体不碰触接地线。(3)接地棒在地下深度不小于600mm。
5	文明作业	(1)工作前做危险点分析,并有预控措施。(2)操作过程中无跌落物。(3)工作完毕清理现场,交还工器具。

科目三　作业现场安全隐患排除

项目1　判断作业现场存在的安全风险、职业病危害

一、项目描述

通过本科目的要点讲解的学习、训练,具体结合电缆的敷设、安装及电缆的运行维护作业,使学员明确作业现场存在的安全风险、职业病危害及防范措施。

二、项目实施

电缆作业现场存在的安全风险、职业病危害

序号	风险类型	风险点	作业项目
1	触电风险	高压触电、临近高压线路触电、误入带电间隔触电、感应电压触电	(1)敷设前准备:清理管沟、外接电源、架设电缆盘等 (2)电缆敷设 (3)电缆制作 (4)电缆试验 (5)电缆吊装、搭接 (6)电缆巡视 (7)电缆抢修、消缺
		电缆试验、摇测后的残存电压	
		电缆故障、故障查找、外破	
		拉接临时施工电源触电、低压电源触电	
2	高空坠落	登杆(塔)、高处作业	(1)电缆运输 (2)敷设前准备:清理管沟、外接电源、架设电缆盘等 (3)电缆敷设 (4)电缆制作 (5)电缆试验 (6)电缆吊装、搭接 (7)电缆巡视 (8)电缆抢修、消缺
		沟、洞、沟坎等坠落(包括预防行人)	
		夜间作业	

(续表)

序号	风险类型	风险点	作业项目
3	高空坠物	登杆(塔)、高处作业坠物(包括伤害行人)	(1)电缆运输 (2)敷设前准备:清理管沟、外接电源、架设电缆盘等 (3)电缆敷设 (4)电缆制作 (5)电缆试验 (6)电缆吊装、搭接 (7)电缆巡视 (8)电缆抢修、消缺
3	高空坠物	从地面至沟、洞坠物(包括行人的行为)	
3	高空坠物	高空坠物(包括大风天气)	
4	机械伤害	作业现场中的机具、钢丝绳伤害	(1)电缆运输 (2)敷设前准备:清理管沟、外接电源、架设电缆盘等 (3)电缆敷设 (4)电缆制作 (5)电缆试验 (6)电缆吊装、搭接 (7)电缆抢修、消缺
4	机械伤害	切、割物件	
4	机械伤害	搬运重物,人身伤害	
5	有害气体伤害	有害气体中毒,如一氧化碳、一氧化氮、二氧化氮、甲烷、二氧化硫、受过高温的六氟化硫气体等	(1)敷设前准备:清理管沟、外接电源、架设电缆盘等 (2)电缆敷设 (3)电缆制作 (4)电缆试验 (5)电缆吊装、搭接 (6)电缆巡视 (7)电缆抢修、消缺
6	塌方伤害	洞、沟塌方,流沙塌方,恶劣天气等	(1)敷设前准备:清理管沟、外接电源、架设电缆盘等 (2)电缆敷设 (3)电缆制作 (4)电缆试验 (5)电缆吊装、搭接 (6)电缆巡视 (7)电缆抢修、消缺

(续表)

序号	风险类型	风险点	作业项目
7	火灾事故	易燃易爆气体、液体、固体等火灾 焊接、切割物件 电缆故障	(1)敷设前准备:清理管沟、外接电源、架设电缆盘等 (2)电缆敷设 (3)电缆制作 (4)电缆试验 (5)电缆吊装、搭接 (6)电缆巡视 (7)电缆抢修、消缺
8	交通事故	交通事故、车辆故障、超载等 被动交通事故	(1)电缆运输 (2)敷设前准备:清理管沟、外接电源、架设电缆盘等 (3)电缆敷设 (4)电缆制作 (5)电缆试验 (6)电缆吊装、搭接 (7)电缆巡视 (8)电缆抢修、消缺
9	其他伤害等	人员中暑 小动物叮咬、咬伤、袭击 河流、雷电等伤害	(1)电缆运输 (2)敷设前准备:清理管沟、外接电源、架设电缆盘等 (3)电缆敷设 (4)电缆制作 (5)电缆试验 (6)电缆吊装、搭接 (7)电缆巡视 (8)电缆抢修、消缺

三、训练时间(45分钟)

序号	训练内容	训练时间(min)
1	触电风险	5
2	高空坠落	5
3	高空坠物	5
4	机械伤害	5

(续表)

序号	训练内容	训练时间(min)
5	有害气体伤害	5
6	塌方伤害	5
7	火灾事故	5
8	交通事故	5
9	其他伤害	5

四、操作规范

1. 认真学习和执行工作中涉及的各种安规和各类规范要求。

2. 加强电缆作业现场管理,规范各类工作人员的行为,保证人身、电网和设备安全。

3. 任何人发现违法规程的情况,应立即制止,经纠正后方可恢复作业。

4. 接受相应的安全生产知识教育和岗位技能培训,掌握必备的电气知识和业务技能。

5. 作业人员应被告知其作业现场和工作岗位存在的危险因素、防范措施和事故紧急处理措施。

6. 作业人员应清楚各个作业项目的危险源,具有防范意识,电缆作业中特别要防止触电和高空坠落事故。

五、项目考核

序号	考核内容	考核要点
1	观察作业现场、图片或视频,明确作业任务或用电环境	通过观察作业现场、图片或视频,口述其中的作业任务或用电环境
2	安全风险和职业病危害判断	口述其中存在的安全风险及职业病危害

项目 2　结合实际工作任务,排除作业现场存在的安全风险

一、项目描述

通过本科目的要点讲解和学习、训练,具体结合电缆敷设、安装作业,使学员明确作业现场存在的安全风险、职业病危害及防范措施。

二、项目实施

(一)电缆敷设中的危险点及防范措施

1. 电缆运输中存在的危险点及预防控制措施

序号	作业项目	防范类型	危险点	预防控制措施
1	电缆运输	高处坠落	登高绑扎、固定	统一指挥,互相配合,相互监护,相互关心。
			沟、洞、沟坎等坠落(包括行人)	不得随意跨越,上下使用梯子,设置围栏,设置警告牌。
			夜间作业	至少2人配合,携带照明工具。
		高处坠物	作业坠物(包括伤害行人)	使用工具包,绳索上下传递,不得抛掷,现场设置围栏、警告牌。
			从地面至沟、洞坠物(包括行人的行为)	使用工具包,绳索上下传递,不得抛掷,现场设置围栏、警告牌。
			高空坠物(包括大风天气)	注意观察、避让,相互关心、提醒。
		机械伤害	搬运、吊装电缆盘,人身伤害	使用相应吨位吊机,检查电缆盘的牢固状况;统一指挥,互相配合,相互监护,相互关心。
			绑扎用钢丝绳伤害	检查钢丝绳的锈蚀、断股情况,应符合规范,绑扎人员站在受力外侧,规范绑扎。
			装、卸电缆盘	使用吊机或使用葫芦,搭设斜板,平稳卸下,不得野蛮装卸。
		交通事故	交通事故、车辆故障、超载等	遵守交通规则,做好车辆安排、检查。
			被动交通事故	遵守交通规则,现场做好防护,悬挂警告牌。

(续表)

序号	作业项目	防范类型	危险点	预防控制措施
1	电缆运输	其他伤害等	人员中暑	注意休息,携带必要的防暑药品。
			小动物叮咬、咬伤、袭击	穿戴、携带必要的防护用具。

2. 敷设前准备:清理管沟、外接电源、架设电缆盘等工作中存在的危险点及预防控制措施

序号	作业项目	防范类型	危险点	预防控制措施
2	敷设前准备:清理管沟、外接电源、架设电缆盘等	触电事故	临近带电线路感应电	10kV 保持 0.7m 及以上的安全距离。20kV/35kV 保持 1m 及以上的安全距离。
			拉接临时施工电源触电	一人监护,一人操作。严格执行安规相关条款。
		高处坠落	登高外接电源	使用双保险安全带,加强监护,严格执行变电、线路安规。
			沟、洞、沟坎等坠落(包括行人)	不得随意跨越,上下使用梯子,设置围栏、警告牌。
			夜间作业	至少 2 人配合,携带照明工具。
		高处坠物	作业坠物(包括伤害行人)	使用工具包、绳索上下传递,不得抛掷,现场设置围栏、警告牌。
			从地面至沟、洞坠物(包括行人的行为)	使用工具包、绳索上下传递,不得抛掷,现场设置围栏、警告牌。
			高空坠物(包括大风天气)	注意观察、避让、相互关心、提醒。
		机械伤害	搬运重物、电缆盖板,人身伤害	统一指挥,互相配合,相互监护,相互关心。
			绑扎用钢丝绳伤害	规范绑扎,人员站在受力外侧,设置警告标志。
			切、割物件	站在侧方、后方,使用前试切割方向。
		有害气体伤害	有害气体中毒,如一氧化碳、一氧化氮、二氧化氮、甲烷、二氧化硫、受过高温的六氟化硫气体等	使用有害气体检测仪,实时监测;使用通风设备通风、驱散。

(续表)

序号	作业项目	防范类型	危险点	预防控制措施
2	敷设前准备：清理管沟、外接电源、架设电缆盘等	塌方伤害	洞、沟塌方、流沙方等	作业前现场勘查。
		火灾事故	易燃易爆气体、液体、固体等火灾	使用有害气体检测仪,实时监测,穿静电防护服。
			焊接、切割物件	采取有效隔离措施,严格执行变电、线路安规。
			电缆故障	采取有效隔离措施,严格执行变电、线路安规。
		交通事故	交通事故、车辆故障、超载等	遵守交通规则,做好车辆安排、检查。
			被动交通事故	遵守交通规则,现场做好防护、围栏,悬挂警告牌。
		其他伤害等	人员中暑	注意休息、携带必要的防暑药品。
			小动物叮咬、咬伤、袭击	穿戴、携带必要的防护用具。
			河流、雷电等伤害	禁止泅渡,雷电时,禁止测量。

3. 电缆敷设中存在的危险点及预防控制措施

序号	作业项目	防范类型	危险点	预防控制措施
3	电缆敷设	触电事故	电缆线路故障	钢丝绳不得摩擦电缆,沿途派人看护,必要时进行隔离。
			敷设外破故障	钢丝绳不得缠绕、摩擦电缆,沿途派人看护,架设滑轮,必要时进行隔离。
		高处坠落	沟、洞、沟坎等坠落（包括行人）	不得随意跨越、上下使用梯子,设置围栏、警告牌。
			夜间作业	至少2人,携带照明工具。
		高处坠物	高处作业坠物（包括伤害行人）	使用工具包、绳索上下传递,不得抛掷,现场设置围栏、警告牌。
			从地面至沟、洞坠物（包括行人的行为）	电缆沟、电缆土建堆土斜坡上,不得放置工器具、材料;使用工具包、绳索上下传递,不得抛掷,现场设置围栏、警告牌。
			高空坠物（包括大风天气）	注意观察、避让,相互关心、提醒。

(续表)

序号	作业项目	防范类型	危险点	预防控制措施
3	电缆敷设	机械伤害	作业现场中的机具、钢丝绳伤害	规范使用机具,不得随意跨越钢丝绳,人员站在受力外侧,设置围栏、警告牌。
			搬运重物,电缆倒盘,人身伤害	统一指挥,互相配合、监护,严格执行变电、线路安规。
		有害气体伤害	有害气体中毒,如一氧化碳、一氧化氮、二氧化氮、甲烷、二氧化硫、受过高温的六氟化硫气体等	使用有害气体检测仪,实时监测;使用通风设备通风、驱散。
		塌方伤害	洞、沟塌方,流沙塌方等	作业前现场勘查。
		火灾事故	易燃易爆气体、液体、固体等火灾	使用有害气体检测仪,实时监测,穿静电防护服。
			焊接、切割物件	采取有效隔离措施,严格执行变电、线路安规。
			电缆线路故障、事故外破故障	采取有效隔离措施,严格执行变电、线路安规。
		交通事故	交通事故,车辆故障、超载等	遵守交通规则,做好车辆安排、检查。
			被动交通事故	遵守交通规则,现场做好防护、围栏,悬挂警告牌。
		其他伤害等	人员中暑	注意休息,携带必要的防暑药品。
			小动物叮咬、咬伤、袭击	穿戴、携带必要的防护用具。
			河流、雷电等伤害	禁止泅渡,雷电时禁止测量。

4.电缆制作中存在的危险点及预防控制措施

序号	作业项目	防范类型	危险点	预防控制措施
4	电缆制作	触电事故	临近带电线路感应电	10kV 保持 0.7m 及以上的安全距离。20kV/35kV 保持 1m 及以上的安全距离。
			拉接临时施工电源触电	一人监护、一人操作。严格执行安规相关条款。

(续表)

序号	作业项目	防范类型	危险点	预防控制措施
4	电缆制作	触电事故	电缆摇测后的残存电压	使用放电棒充分逐相放电。
		高空坠落	登高外接电源	使用双保险安全带,加强监护,严格执行变电、线路安规。
			台架、沟、洞、沟坎等坠落(包括行人)	搭设的台架应有安全防护围栏,不得随意跨越沟、洞、沟坎。上下使用梯子,设置围栏、警告牌。
			夜间作业	至少2人配合,携带照明工具。
		高空坠物	登高作业坠物(包括伤害行人)	使用工具包、绳索上下传递,不得抛掷,现场设置围栏、警告牌。
			从地面至沟、洞坠物(包括行人的行为)	使用工具包、绳索上下传递,不得抛掷,现场设置围栏、警告牌。
			高空坠物(包括大风天气)	注意观察、避让、相互关心、提醒。
		机械伤害	作业现场中的锯、割、切等工器具伤害	规范使用工器具。
			搬运重物,人身伤害	统一指挥,互相配合、监护,严格执行变电、线路安规。
		有害气体伤害	有害气体中毒,如一氧化碳、一氧化氮、二氧化氮、甲烷、二氧化硫、受过高温的六氟化硫气体等	使用有害气体检测仪,实时监测;使用通风设备通风、驱散。
		塌方伤害	洞、沟塌方,流沙塌方等	作业前现场勘查。
		火灾事故	易燃易爆气体、液体、固体等火灾	使用有害气体检测仪,实时监测,穿静电防护服。
			焊接、切割物件	采取有效隔离措施,严格执行变电、线路安规。
			电缆故障	采取有效隔离措施,严格执行变电、线路安规。

(续表)

序号	作业项目	防范类型	危险点	预防控制措施
4	电缆制作	交通事故	交通事故、车辆故障、超载等	遵守交通规则、做好车辆安排、检查。
			被动交通事故	遵守交通规则,现场做好防护、围栏,悬挂警告牌。
		其他伤害等	人员中暑	注意休息,携带必要的防暑药品。
			小动物叮咬、咬伤袭击	穿戴、携带必要的防护用具。
			河流、雷电等伤害	禁止泅渡,雷电时,禁止测量。

5. 电缆试验中存在的危险点及预防控制措施

序号	作业项目	防范类型	危险点	预防控制措施
5	电缆试验	高压触电	高压线路触电、临近高压线路触电	应停电、验电、加挂接地线。不停电作业时,10kV 保持 0.7m 及以上的安全距离。20kV/35kV 保持 1m 及以上的安全距离。
			电缆试验后的残余电压	使用放电棒充分逐相放电。
			临近带电线路感应电	戴手套、验电、加接地线。
			拉接临时施工电源触电	一人监护,一人操作。严格执行安规相关条款。
		高空坠落	拆、搭电缆登高作业	使用双保险安全带,加强监护,严格执行变电、线路安规。
			沟、洞、沟坎等坠落(包括行人)	不得随意跨越、上下使用梯子,设置围栏、警告牌。
			夜间作业	至少 2 人,携带照明工具。
		高空坠物	登高作业坠物(包括伤害行人)	使用工具包、绳索上下传递,不得抛掷,现场设置围栏、警告牌。
			从地面至沟、洞坠物(包括行人的行为)	使用工具包、绳索上下传递,不得抛掷,现场设置围栏、警告牌。
			高空坠物(包括大风天气)	注意观察、避让、相互关心、提醒。

(续表)

序号	作业项目	防范类型	危险点	预防控制措施
5	电缆试验	机械伤害	搬运重物设备，人身伤害	统一指挥，互相配合，严格执行变电、线路安规。
		有害气体伤害	有害气体中毒，如一氧化碳、一氧化氮、二氧化氮、甲烷、二氧化硫，受过高温的六氟化硫气体等	使用有害气体检测仪，实时监测；使用通风设备通风、驱散。
		塌方伤害	洞、沟塌方，流沙塌方等	作业前现场勘查。
		火灾事故	易燃易爆气体、液体、固体等火灾	使用有害气体检测仪，实时监测，穿静电防护服。
			焊接、切割物件	采取有效隔离措施，严格执行变电、线路安规。
			电缆故障	采取有效隔离措施，严格执行变电、线路安规。
		交通事故	交通事故、车辆故障、超载等	遵守交通规则、做好车辆安排、检查。
			被动交通事故	遵守交通规则，现场做好防护、围栏，悬挂警告牌。
		其他伤害等	人员中暑	注意休息，携带必要的防暑药品。
			小动物叮咬、咬伤袭击	穿戴、携带必要的防护用具。
			河流、雷电等伤害	禁止泅渡，雷电时，禁止测量。

6.电缆吊装、搭接中存在的危险点及预防控制措施

序号	作业项目	防范类型	危险点	预防控制措施
6	电缆吊装、搭接	高压触电	高压线路触电、临近高压线路触电	应停电、验电、加挂接地线。不停电作业时，10kV保持0.7m及以上的安全距离。20kV/35kV保持1m及以上的安全距离。
			临近带电线路感应电	戴手套、验电、加接地线。

(续表)

序号	作业项目	防范类型	危险点	预防控制措施
6	电缆吊装、搭接	高空坠落	拆、搭电缆登高作业	使用双保险安全带,加强监护,严格执行变电、线路安规。
			沟、洞、沟坎等坠落(包括行人)	不得随意跨越、上下使用梯子、设置围栏、警告牌。
			夜间作业	至少2人,携带照明工具。
		高空坠物	登高作业坠物(包括伤害行人)	使用工具包、绳索上下传递,不得抛掷,现场设置围栏、警告牌。
			从地面至沟、洞坠物(包括行人的行为)	使用工具包、绳索上下传递,不得抛掷,现场设置围栏、警告牌。
			高空坠物(包括大风天气)	注意观察、避让,相互关心、提醒。
		机械伤害	搬运电缆,人身伤害	统一指挥,互相配合,严格执行变电、线路安规。
		有害气体伤害	有害气体中毒,如一氧化碳、一氧化氮、二氧化氮、甲烷、二氧化硫,受过高温的六氟化硫气体等	使用有害气体检测仪,实时监测;使用通风设备通风、驱散。
		火灾事故	易燃易爆气体、液体、固体等火灾	使用有害气体检测仪,实时监测,避免使用工作源,穿静电防护服。
			焊接、切割物件	采取有效隔离措施,严格执行变电、线路安规。
			电缆故障	采取有效隔离措施,严格执行变电、线路安规。
		交通事故	交通事故、车辆故障、超载等	遵守交通规则,做好车辆安排、检查。
			被动交通事故	遵守交通规则,现场做好防护、围栏,悬挂警告牌。
		其他伤害等	人员中暑	注意休息,携带必要的防暑药品。
			小动物叮咬、咬伤、袭击	穿戴、携带必要的防护用具。
			河流、雷电等伤害	禁止泅渡,雷电时,禁止测量。

(二)电缆作业中的危险点及防范措施

序号	防范类型	危险点	预防控制措施
1	高压触电	高压线路、临近高压线路触电	应停电、验电、加挂接地线。不停电时,10kV 保持 0.7m 及以上的安全距离。20kV/35kV 保持 1m 及以上的安全距离。
		电缆摇测后的残存电压	使用放电棒充分逐相放电。
		故障巡线、测试	穿绝缘鞋,大风天巡线,应沿线路上风侧前进,防止触及断落的导线;夜间沿线路外侧进行。
		临近带电线路感应电	戴手套、验电、加接地线。
		拉接临时施工电源触电	一人监护、一人操作。严格执行安规相关条款。
2	高空坠落	登高作业	使用双保险安全带,加强监护,严格执行变电、线路安规。
		沟、洞、沟坎等坠落(包括行人)	不得随意跨越、上下使用梯子,设置围栏、警告牌。
		夜间作业	至少 2 人,携带照明工具。
3	高空坠物	登高作业坠物(包括伤害行人)	使用工具包、绳索上下传递,不得抛掷,现场设置围栏、警告牌。
		从地面至沟、洞坠物(包括行人的行为)	使用工具包、绳索上下传递,不得抛掷,现场设置围栏、警告牌。
		高空坠物(包括大风天气)	注意观察、避让、相互关心、提醒。
4	机械伤害	作业现场中的机具、钢丝绳伤害	规范使用机具,不得随意跨越钢丝绳,人员站在受力外侧,设置围栏、警告牌。
		切、割物件	站在侧方、后方,使用前试切割方向。
		搬运重物,人身伤害	统一指挥,互相配合,相互监护,相互关心,严格执行变电、线路安规。
5	有害气体伤害	有害气体中毒,如一氧化碳、一氧化氮、二氧化氮、甲烷、二氧化硫、受过高温的六氟化硫气体等	使用有害气体检测仪,实时监测;使用通风设备通风、驱散。
6	塌方伤害	洞、沟塌方,流沙塌方等	作业前现场勘查。
7	火灾事故	易燃易爆气体、液体、固体等火灾	使用有害气体检测仪,实时监测,穿静电防护服。
		焊接、切割物件	采取有效隔离措施,严格执行变电、线路安规。
		电缆故障	采取有效隔离措施,严格执行变电、线路安规。

(续表)

序号	防范类型	危险点	预防控制措施
8	交通事故	交通事故、车辆故障、超载等	遵守交通规则、做好车辆安排、检查。
		被动交通事故	遵守交通规则,现场做好防护、围栏、悬挂警告牌。
9	其他伤害等	人员中暑	注意休息、携带必要的防暑药品。
		小动物叮咬、咬伤、袭击	穿戴、携带必要的防护用具。
		河流、雷电等伤害	禁止泅渡,雷电时,禁止测量。

三、训练时间(60分钟)

序号	训练内容	训练时间(min)
1	电缆运输	10
2	敷设前准备	10
3	电缆敷设	10
4	电缆制作	10
5	电缆试验	10
6	电缆吊装、搭接	10

四、操作规范

1. 认真学习和执行工作中涉及的各种安规和各类规范要求。

2. 加强电缆作业现场管理,规范各类工作人员的行为,保证人身、电网和设备安全。

3. 任何人发现违法规程的情况,应立即制止,经纠正后方可恢复作业。

4. 接受相应的安全生产知识教育和岗位技能培训,掌握必备的电气知识和业务技能。

5. 作业人员应被告知其作业现场和工作岗位存在的危险因素、防范措施和事故紧急处理措施。

6. 作业人员应清楚各个作业项目的危险源,具有防范意识,电缆作业中要重点防范触电事故、高空坠落事故和机械伤害事故。

五、项目考核

序号	考核内容	考核要点
1	个人安全意识	明确作业任务,做好个人防护,考核准备情况
2	风险排除	观察作业现场环境,排除作业现场存在的安全风险
3	安全操作	口述该项操作的安全规程

科目四　作业现场应急处置

项目1　触电事故现场的应急处理

一、项目描述

本项目介绍了触电事故现场的应急处理方法,通过实操,使学员掌握对低压、高压触电事故现场的应急处理及造成人员伤亡事故的现场处置全过程操作能力,掌握为伤者脱离高、低压电源的方法,以及所涉及的安全技术措施落实和处理过程中的安全注意事项、风险识别能力及安全意识。

二、项目准备

实操现场配置电脑投影设备或触电现场图片,配置事故处理应具备的器具如通信工具、照明工具、电工安全工器具(绝缘手钳、干燥木柄的斧、绝缘杆、绝缘鞋、绝缘手套等)、急救箱及药品等防护用品;实操现场配备实际的10kV电力变压器馈线回路,变压器高压侧通过高压电力电缆连接至跌落式熔断器,低压侧通过低压电力电缆与低压配电盘柜连接,并提供配套系统图。如图4-1-1所示。

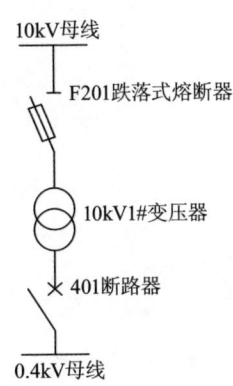

图4-1-1　10kV电力变压器馈线回路配套系统图

三、项目实施

低压电触电事故现场处置:

1. 个人防护:戴安全帽,穿工装、绝缘鞋。

2. 评估风险:对触电现场环境进行评估,是否能进行施救。

3. 脱离电源方法

(1)在低压触电附近有电源开关或插头时,应立即将开关拉开或插头拔脱,以切断电源。如图 4-1-2 所示。

图 4-1-2　拉开电源

(2)如电源开关离触电地点较远,可用绝缘工具(如绝缘手钳,干燥木柄的斧、锄等)将电线切断,但必须切断电源侧电线,并应防止被切断的电线误触他人;剪断电线要分相,逐根剪断。如图 4-1-3 所示。

图 4-1-3　切断电源

(3)当带电低压导线落在触电者身上时,可用绝缘物体(如干燥的木棒、竹杆等)将导线移开,使触电者脱离电源。但不允许用金属或潮湿的物体去移动导线,以防急救者触电。如图 4-1-4 所示。

图 4-1-4　挑开电线

(4)若触电者的衣服是干燥的,急救者可用随身干燥衣服、干围巾等将自己的手严格包裹,然后用包裹的手拉触电者干燥衣服,或把急救者的干燥衣服结在一起,拖拉触电者,使触电者脱离电源。如图 4-1-5 所示。

图 4-1-5　带绝缘手套拉离电源

(5)若触电者离地距离较远,应防止切断电源后触电者从高处摔下造成外伤。

4. 现场处理:消除触电隐患,维持好秩序,保护现场。

5. 汇报上级或应急救援求助:事故单位名称、事故地点部位、何种电压触电、人员伤亡情况、现场有无着火或火势情况、报警人姓名及联系电话。

6. 文明生产:清理场地。

高压电触电事故现场处置:

1. 个人防护:戴安全帽,穿工装、绝缘鞋。

2. 评估风险:口述表达触电现场环境,说明能否进行施救。

3. 脱离电源方法

(1)发现有人高压触电,立即通知供电单位或部门停电,不能断电则采用绝缘的方法挑开电线,设法使其尽快脱离电源;大声呼救,设法报警,按动报警器或请其他人拨打120急救电话;若跌落式熔断器不能拉开,立即向上级调度请求申请拉开上一级开关,或直接操作上一级开关停电,操作后再汇报上级调度。如图4-1-6所示。

图 4-1-6　拉开高压电源开关

(2)在触电人脱离电源的同时,救护人应防止自身触电,还应防止触电人脱离电源后发生二次伤害。

(3)根据触电者的身体特征,派人严密观察,确定是否请医生前来或送往医院诊察。

(4)让触电者在通风暖和的处所静卧休息,根据触电者的身体特征,做好急救前的准备工作;夜间有人触电,急救时应解决临时照明问题。

(5)如触电人触电后已出现外伤,处理外伤不应影响抢救工作。

4. 现场处理:消除触电隐患、维持好秩序、保护现场。

5. 汇报上级或应急救援求助:大声呼救,设法报警,按动报警器或请其他人拨打120急救电话,汇报的事项包括事故单位名称、事故地点部位、何种电压触电、人员伤亡情况、现场有无着火或火势情况、报警人姓名及联系电话。

6. 文明生产:清理场地。

四、训练时间(20分钟)

	训练内容	训练时间(min)
1	做好个人防护	4
2	脱离电源操作	12
3	汇报及清理场地	4

五、操作规范

1. 正确评估现场安全风险:救援人员进入现场有可能造成二次事故,要落实相应措施或停止进入,采取其他方法救援。

2. 正确使触电者脱离电源:不正确容易产生二次事故或事故范围扩大的危险。

3. 救护者不可直接用手或其他金属、潮湿的物体、绝缘状况不良的器具作为救护工具,必须使用恰当的绝缘工具。

4. 防止触电者脱离电源后可能的摔伤,特别是当触电者在高处的情况下,应考虑防止坠落的措施。

5. 救护者在救护过程中要注意自身和被救者与附近带电体之间的安全距离,防止再次触及有电设备。

6. 在使触电者脱离电源的过程中,救护者最好用一只手操作,以防自身触电。

7. 夜间发生触电事故时,应考虑切断电源后的临时照明,以便救护。

8. 高压触电时不能用干燥木棍、竹竿去拨开高压线,应与高压带电体保持足够的安全距离(8~10m以外),防止跨步电压触电。

六、考核标准

序号	考核内容	考核要点
1	个人防护	戴安全帽,穿工装、绝缘鞋,戴绝缘手套
2	评估风险	对触电现场环境进行风险评估,说明能否进行施救
3	脱离低压电源方法	用正确的方法脱离低压电源,工具、操作方法选择正确
4	脱离高压电源方法	用正确的方法脱离高压电源,工具、操作方法选择正确
5	现场处理	针对触电现场做好消除触电隐患,维持好秩序,保护现场
6	汇报上级或应急救援求助	大声呼救,设法报警,并向上级汇报事故情况
7	文明生产	做好清理场地的工作

项目2 单人徒手心肺复苏操作

一、项目描述

本项目介绍了单人徒手心肺复苏操作。通过实操,使学员掌握对触电者脱离电源后实施心肺复苏救治的全过程操作能力,以及救治过程中的安全注意事项。

二、项目准备

实训室配备模拟人若干,运用现场心肺复苏法(CPR)对触电者进行紧急救护。

三、项目实施

1. 环境安全评估:确认触电电源已隔离防护,确认周围环境安全。

2. 意识的判断:用双手轻拍触电者双肩,问:"喂!你怎么了?"同时观察触电者的反应。如图4-2-1所示。

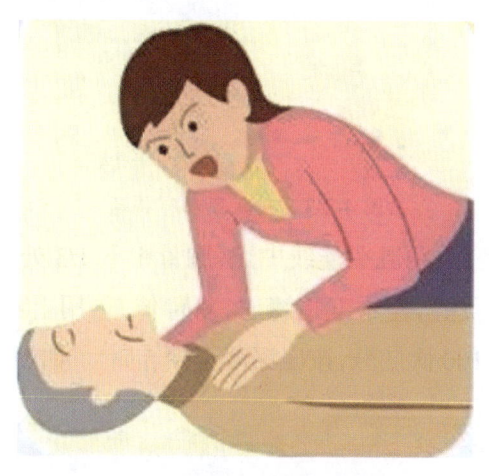

图4-2-1 判断意识

3. 检查呼吸:观察病人胸、腹部有无起伏(判断5~10秒)。

4. 呼救:"来人啊!喊医生!"拨打急救电话,周围有其他人的话,可以协助或帮忙打电话。如图4-2-2所示。

图 4-2-2 呼救

5.判断是否有颈动脉搏动:用右手的中指和食指从气管正中环状软骨划向近侧颈动脉搏动处(判断 5~10 秒)。如图 4-2-3 所示。

图 4-2-3 判断颈动脉搏动

6.胸外心脏按压:两乳头连线中点(胸骨中下 1/3 处),用左手掌跟紧贴病人的胸部,两手重叠,左手五指翘起,双臂伸直,用上身力量用力按压 30 次(按压频率至少 100 次/分,按压深度至少 5cm)。如图 4-2-4 所示。

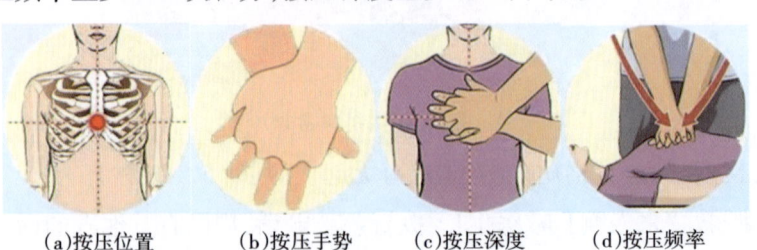

(a)按压位置　　(b)按压手势　　(c)按压深度　　(d)按压频率

图 4-2-4 胸外心脏按压示意图

7.打开气道:仰头抬颌法,清除口腔异物及假牙。如图 4-2-5 所示。

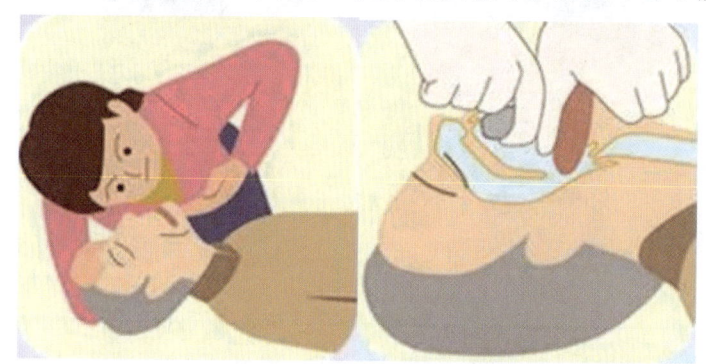

(a)仰头抬颌法　　　　(b)清除触电者口中异物

图 4-2-5　打开气道示意图

8.人工呼吸:施救者用一手捏闭鼻孔,然后深吸一大口气,屏气,用口唇严密地包住患者的口唇,将气体吹入人的口腔到肺部。吹气后,口唇离开,并松开捏鼻的手指,使气体呼出,并侧转头吸入新鲜空气,同时观察患者胸部起伏情况,再进行第二次吹气。如图 4-2-6 所示。

图 4-2-6　人工呼吸示意图

9.持续 2 分钟高效率的 CPR(心肺复苏术):以心脏按压:人工呼吸=30:2 的比例进行,操作 5 个周期(从心脏按压开始至送气结束)。如图 4-2-7 所示。

(a)心脏按压 30 次　　　　　　(b)人工呼吸 2 次

图 4-2-7　持续 2 分钟高效率的 CPR 示意图

10.判断复苏是否有效(听是否有呼吸音,同时触摸是否有颈动脉搏动),如果没有复苏,应持续进行心肺复苏。

四、训练时间(15 分钟)

	训练内容	训练时间(min)
1	环境安全评估	2
2	心肺复苏操作	10
3	判断复苏效果及清理场地	3

五、操作规范

1.实训过程中听从指导老师指令,按要求进行培训操作。

2.口对口吹气量不宜过大,一般不超过 1 200 毫升,胸廓稍起伏即可。吹气时间不宜过长,过长会引起急性胃扩张、胃胀气和呕吐。吹气过程要注意观察患(伤)者气道是否通畅,胸廓是否被吹起。

3.胸外心脏按压术只能在患(伤)者心脏停止跳动下才能施行。

4.口对口吹气和胸外心脏按压应同时进行,严格按吹气和按压的比例操作,吹气和按压的次数过多和过少均会影响复苏的成败。

5.胸外心脏按压的位置必须准确,不准确容易损伤其他脏器。按压频率至少 100 次/分(区别于大约 100 次/分),胸骨下陷深度至少 5cm,按压后保证胸骨完全回弹。按压的力度要适宜,过大过猛容易使胸骨骨折,引起气胸血胸；按压的力度过轻，胸腔压力小，不足以推动血液循环，胸外按压时应最大限度地减少中断。

6.施行心肺复苏术时应将患（伤）者的衣扣及裤带解松，以免引起内脏损伤。

六、考核标准

序号	考核内容	考核要点
1	环境安全评估	确认触电电源已隔离防护，周围环境安全
2	判断意识	用双手轻拍触电者双肩，观察触电者反应
3	判断呼吸	观察病人胸、腹部有无起伏
4	呼叫报警	请周围人员协助施救，并拨打急救电话
5	判断心跳	用正确的手法触摸颈动脉，判断是否有颈动脉搏动
6	胸外心脏按压	用规范的动作按压30次，按压频率每分钟100次
7	打开气道	用仰头抬颌法畅通气道，使触电者鼻孔朝天
8	人工呼吸	在保持患者仰头抬颌前提下，用手捏闭鼻孔，连续吹气2次
9	持续2分钟高效率的CPR	以心脏按压:人工呼吸＝30:2的比例进行，操作5个周期
10	判断复苏是否有效	听是否有呼吸音，同时触摸是否有颈动脉搏动
11	文明生产	清理现场，整理工具

项目3 灭火器的选择和使用

一、项目描述

本项目介绍了灭火器的选择和使用,通过实操,使学员可针对不同类型的火灾正确选用适当的灭火器并掌握其使用方法,掌握对火灾现场灭火作业(特别是电气火灾)的实施能力,重点掌握所涉及的安全技术措施落实和处理过程中的安全注意事项、风险识别能力及学员安全意识。

二、项目准备

要求具备室内及室外教学实训场地,用于模拟火灾的发生及扑救。场地要配备教学所需的各类电气安全用具(电气设备、个人防护设备等)和灭火设备(干粉灭火器、二氧化碳灭火器、泡沫灭火器等灭火器实物),配备常见容易引发电气火灾的电气设备样品(如电动机、电力变压器等)。配备10kV电力变压器馈线回路,用来学习电气火灾扑救时电源的切断方法训练,重点学习变压器火灾扑救方法及注意事项。如图4-3-1所示。

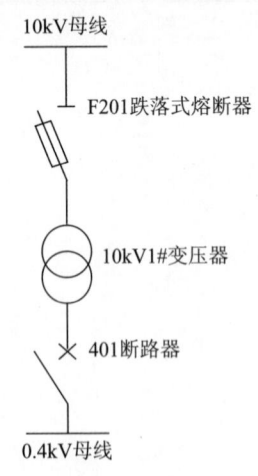

图4-3-1 10kV电力变压器馈线回路配套系统图

三、项目实施

1. 个人防护:戴安全帽,穿工装、绝缘鞋。

2. 选择灭火器：根据火情选择合适的灭火器。

常用灭火器的种类：水型灭火器、泡沫灭火器、干粉灭火器、二氧化碳灭火器。如图 4-3-2 所示。

(a)水型灭火器　　(b)泡沫灭火器　　(c)干粉灭火器　　(d)二氧化碳灭火器

图 4-3-2　常见灭火器的种类

3. 检查灭火器：检查灭火器铭牌、出厂合格证、有效期、铅封、瓶体、喷管、压力、零部件等。

4. 灭火操作：手提选择的灭火器，迅速赶赴火场，准确判断风向，站在火源上风口；离火源 3~5m 距离迅速拉下安全环；手握喷嘴对准着火点，压下手柄，侧身对准火源根部，由近及远扫射灭火；若使用干粉灭火器，应在干粉将喷完前 3 秒左右迅速撤离火场，火未熄灭应继续更换灭火器再次操作。

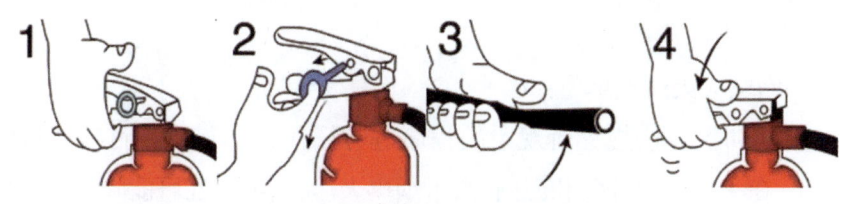

图 4-3-3　灭火器的使用流程

5. 灭火效果检查：检查灭火效果，确认火源熄灭。

6. 现场清理及工作终结：将使用过的灭火器放到指定位置，注明已使用，报告灭火情况，清点收拾工具。

四、训练时间(20 分钟)

	训练内容	训练时间(min)
1	个人防护	2

(续表)

	训练内容	训练时间(min)
2	灭火器选择及检查	5
3	灭火操作	10
4	灭火效果检查及清理场地	3

五、操作规范

1.在携带灭火器奔跑时,酸碱灭火器和化学泡沫灭火器不能横置,要保持其竖直以免提前混合发生化学反应。

2.有些灭火器(如1211灭火器、干粉灭火器、二氧化碳灭火器等)在灭火操作时,要保持竖直不能横置,否则会驱动气体短路泄漏,不能将灭火剂喷出。

3.扑救容器内的可燃液体火灾时,要注意不能直接对着液面喷射,以防止可燃液体飞溅,造成火势扩大,增加扑救难度。

4.扑救室外火灾时,应站在上风方向。

5.使用二氧化碳灭火器时,要注意防止对操作者产生冻伤危害,不能直接用手握灭火器的金属部分。

6.电气火灾扑救要点:

(1)断电灭火注意事项:

①断电时,应按规程所规定的程序进行操作,严防带负荷拉隔离开关(刀闸)。在火场内的开关和刀闸,由于烟熏火烤,其绝缘性可能降低或损坏,因此,操作时应戴绝缘手套、穿绝缘鞋,并使用相应等级的绝缘工具。

②紧急切断电源时,切断地点应选择适当,防止切断电源后影响扑救工作的进行。切断带电线路导线时,切断点应选择在电源侧的支持物附近,以防导线断落后触及人身、短路或引起跨步电压触电。切断低压导线时应分相并在不同部位剪断,剪的时候应使用有绝缘手柄的电工钳。

③夜间发生电气火灾,切断电源时,应考虑临时照明,以便扑救。

④需要电力部门切断电源时,应迅速电话联系,说清情况。

(2)带电灭火注意事项：

①扑救人员及所使用的灭火器材与带电部分必须保持足够的安全距离，人员应戴绝缘手套；用水灭火时，水枪喷嘴至带电体的距离：电压为10kV及其以下者不应小于3m，电压为220kV及其以上者不应小于5m。用二氧化碳等有不导电灭火剂的灭火器灭火时，机体、喷嘴至带电体的最小距离：电压为10kV者不应小于0.4m，电压为35kV者不应小于0.6m。

②不准使用导电灭火剂（如泡沫灭火剂、喷射水流等）对有电设备进行灭火；应选择适当的灭火器（如二氧化碳灭火器、干粉灭火器的灭火剂都是不导电的）带电灭火；泡沫灭火器的灭火剂属水溶液，有一定的导电性，不宜用于带电灭火。

③使用水枪带电灭火时，宜采用喷雾水枪，这种水枪流过水柱的泄漏电流小，带电灭火相对比较安全，为防止通过水柱的泄漏电流通过人体，可以将水枪喷嘴接地，扑救人员应穿戴绝缘手套、绝缘靴或穿戴均压服操作。

④在灭火中电气设备发生故障，如电线断落在地上，局部地区会形成跨步电压，在这种情况下，扑救人员必须穿绝缘靴（鞋）。

⑤扑救架空线路的火灾时，人体与带电导线之间的仰角不应大于45°，并应站在线路外侧，以防导线断落触及人体发生触电事故。

(3)充油电气设备灭火注意事项：

①充油电气设备容器外部着火时，可以用二氧化碳、干粉、四氯化碳等灭火剂带电灭火，灭火时要保持一定安全距离。

②充油电气设备容器内部着火时，应立即切断电源，若有事故储油池设备应立即设法将油放入事故储油池中，并用喷雾水灭火，不得已时也可用沙子、泥土灭火；但当盛油桶着火时，则应用浸湿的棉被盖在桶上，使火熄灭，不得用黄沙抛入桶内，以免燃油溢出，使火焰蔓延；对流散在地上的油火，应用泡沫灭火器喷射或用干黄沙覆盖扑灭。

(4)旋转电机灭火注意事项：

①发电机、电动机等旋转电机着火时，应立即将发电机迅速与系统解

列,电动机立即切断电源,不能用泡沫灭火器、沙子、干粉、泥土灭火,以免矿物性物质、沙子等落入设备内部,严重损伤电机绝缘,造成严重后果。

②可使用二氧化碳等灭火器灭火,另外,为防止轴和轴承变形,灭火时可使电机慢慢转动,然后用喷雾水流灭火,使其均匀冷却。

(5)电缆火灾灭火注意事项:

①电缆起火应迅速报警,并尽快将着火电缆退出运行。

②火灾扑救前,必须先切断着火电缆和相邻电缆的电源。

③扑灭电缆燃烧,可用干粉灭火器、二氧化碳等气体灭火器进行扑救,也可用干燥的黄土、干砂或防火包覆盖。火势较大时可使用喷雾水扑灭。

④进入电缆夹层、隧道、沟道内的灭火人员应戴上正压式空气呼吸器、防毒面具及绝缘手套并穿上绝缘鞋,禁止用手直接接触电缆钢甲或移动电缆。

⑤在救火过程中需注意防止发生触电、中毒、倒塌、坠落及爆炸等伤害事故。

(6)变压器火灾灭火注意事项:

①为防止火场上发生触电事故,应立即切断电源。

②如果油箱没有破裂,可用干粉、1211、二氧化碳等灭火剂进行扑救。

③如果油箱破裂,大量油流出燃烧,火势凶猛时,切断电源后可用喷雾水或泡沫扑救,流散的油火,也可用砂土压埋,最大时,可挖沟将油集中,用泡沫扑救。

④如果有绝缘油的套管爆裂造成绝缘油流散,遇到这种情况最好采用喷雾水灭火,并注意均匀冷却设备。

六、考核标准

序号	考核内容	考核要点
1	个人防护	正确穿戴个人防护用品(安全帽、工装、绝缘鞋)
2	选择灭火器	对已有灭火器进行正确分类,并根据不同类型的火情正确选择合适的灭火器

（续表）

序号	考核内容	考核要点
3	检查灭火器	掌握正确检查灭火器铭牌、出厂合格证、有效期、铅封、瓶体、喷管、压力、零部件等方法
4	灭火操作	通过对不同类型灭火器实物的操作技能训练,掌握灭火器具体的使用方法
5	灭火效果检查	检查灭火效果,确认火源熄灭
6	文明生产	正确地进行现场清理及工作总结等

附录　实际操作技能训练培训学时安排

序号	培训项目	培训学时
1	10kV 三芯铠装电力电缆绝缘测试	2
2	10kV 验电器检查、使用与保管	1
3	电工安全标志(示)的辨识	2
4	电力电缆线路核相操作(0.4kV 系统)	2
5	电力电缆安全施工中各种绳扣的打结操作	2
6	电力电缆型号截面识别	2
7	电缆终端头的制作安装	4
8	10kV 电力电缆户内热缩终端头制作	4
9	10kV 电力电缆户内冷缩终端头安全操作	4
10	10kV 线路挂设保护接地线	2
11	判断作业现场存在的安全风险、职业病危害	2
12	结合实际工作任务,排除作业现场存在的安全风险	2
13	触电事故现场的应急处理	2
14	单人徒手心肺复苏操作	2
15	灭火器的选择和使用	1